约会系列

与三角形有个约会
——财富哲学探源

Yu Sanjiaoxing Youge Yuehui

■ 骆回 著

中山大学出版社
·广州·

版权所有　翻印必究

图书在版编目（CIP）数据

与三角形有个约会：财富哲学探源/骆回著. —广州：中山大学出版社，2015.2
ISBN 978-7-306-05188-2

Ⅰ. ①与… Ⅱ. ①骆… Ⅲ. ①人生哲学—通俗读物 Ⅳ. ①B821-49

中国版本图书馆 CIP 数据核字（2015）第 025842 号

出 版 人：	徐　劲
策划编辑：	高惠贞　杨文泉
责任编辑：	杨文泉
封面设计：	林绵华
责任校对：	钟永源　王　璞
责任技编：	何雅涛
出版发行：	中山大学出版社
电　　话：	编辑部 020-84110283，84113349，84111996，84110779
	发行部 020-84111998，84111981，84111160
地　　址：	广州市新港西路135号
邮　　编：	510275　传　真：020-84036565
网　　址：	http://www.zsup.com.cn　E-mail: zdcbs@mail.sysu.edu.cn
印 刷 者：	广东省农垦总局印刷厂
规　　格：	787mm×1092mm　1/16　17.25 印张　280 千字
版次印次：	2015 年 2 月第 1 版　2015 年 2 月第 1 次印刷
定　　价：	38.00 元

如发现本书因印装质量影响阅读，请与出版社发行部联系调换

本书勘误表

P13 "这里所谓的血统不是纯粹的血统关系"应为"这里所谓的血统不是纯粹的血缘关系"

P19 "①本节'文化'、'知识'、'经验'、'技术'释义参考'百度词条'。"应为"①（美）马斯洛：《动机与人格》，许金声等译，中国人民大学出版社2007年版。"

P23 "动物"应为"生物"

P23 "敬畏"应为"懂得敬畏"

P37 "就就"应为"就是"

P59 "18个"应为"14个"

P90 "观点流"应为"现金流"

P105 "何谈"应为"该问"

P198 "消费者心智包含有心智"应为"首先是要因有心智"

P198 "首先是要有心智"应为"首先是要因有心智"

序

分享知识是一种自觉的善

段淳林

骆回是我的学生,像许多老师一样,对学生的印象往往来自于他的文章,学生的文章好,老师对学生的印象就好,学生的文章有深度,老师对学生的印象就深刻,我对骆回印象深刻,是因为他的文章,看过骆回的几本书之后,我不得不对我的这位学生刮目相看了。

坦白地说,见到骆回送给我的几本书时,我还是有些惊异的,我一时难以把一个成功的商人与手中的这几本书联系起来,尤其是这几本书的内容都是从比较独特的角度去阐述行业中的哲学思想和人性意义,比如骆回的《与房子有个约会——对话房子》这本书,就是在房子商品属性的基础上,阐述了房子的社会存在符号和人文自然灵性,书中侧重对住宅建筑艺术的哲学思考,指出房子不是简单的商品,是居住者选择的生活方式载体,房子最终印证的是居住者的地位、品位、价值。他的另一本书《与植物有个约会——对话植物》也是从植物的朴素形态去捕捉生命的哲学,感受植物所传递出来的温情信号,领略五彩缤纷的植物世界,不难看出骆回试图在思想内涵和精神境界上探寻生命哲学并以此体悟社会文化的走向。

现在放在我面前的《与上帝有个约会——感觉营销》、《与三角形有个约会——财富哲学探源》两书依然是他对哲学的另一个角度的深入探究,他从感觉的角度探索消费者(上帝)内心的情感世界,并通过情感的变化来达到一种精神消费的境界,以期在传统营销的基础上营造美感营销、美学营销,让"感觉"去决定最终的交易结果,这是对交易质量的一种提升过程，让每个营销销售人员体会消费者的感觉，这不仅仅是简单的换位思维，而是对消费者（上帝）的尊重，尊重消费者的感觉感受才能为产品附加价值；才能更好地体现服务价值。因此为骆回的这两本写上几句话，其实也是在分享他的成果，正如他所说：分享知识和分享食物是最感人的善良。自觉地把人生的体验分享给大家，这是一种"自觉的善"。

写书无疑是一项自我修炼的苦僧活计，骆回的书不是我们惯常所见企业家的自传与创业联想，而是基于企业家精神层面的一种生存探索，他在叙述一个显而易见却为许多人所忽视的道理：精神上的匮乏是真正的贫穷。他对读书有着超乎常人的理解，感觉"书有沁人心脾的甜"，这种精神上的回味正是许多人所缺少的，这些美妙的感觉让骆回焚膏继晷、不惜舍弃许多休闲时光而对自己所从事的行业以及所接触的领域进行哲学的思考，进而予以文字梳理成册。仔细阅读他的书，会发现书中有许多思想的火花在闪烁，有许多哲学的思考以及艺术的灵感在迸射，这正是他殚精竭虑地寻找企业家"精神世界"的"自然状态"所在。

骆回的书涉猎文化、自然、人文、管理、营销、哲学领域，这些领域有的与他所从事过的行业有关，也有一部分是他思考与关注的主题，具有一定的挑战性，是他"挣脱自我，进行价值重建"而"思考、行动、实践"的结果。他能够把自己在实践中的领悟，上升为理性哲学的思考，提出了许多令人耳目一新的思想命题，实为不易。比如他的《与三角形有个约会——财富哲学探源》，就是发掘自然形态的三角形中所蕴含的企业经营诸多元素间所必然存在的哲学关系，书中不乏优秀的思想内涵和实践经验教训，他运用三角形的特殊结构来探讨企业经营管理中各个重要节点之间的关系，从而找出一个企业在经营管理中所存在的问题与结症，启发企业管理者科学地运用、发掘、掌握这个三角形的理论，灵活运用各个角力点相互转换与极点力产生的条件与时机，来为企业发展服务，以实现每项企业管理决策都能发挥最大的效益优势的目标。骆回把自己发现或者发掘的企业经营管理中存在的结构性的管理模式，经过系统的整理与科学的阐述而形成完整的理论性书籍并与大家分享他的成果，这正是骆回所追求的目标，他在书中曾写道："感恩二十年前的自己，虽然一路历经过、错过、通过、彷徨、挣扎，但依然坚持写出了这些文字，感谢此刻阅读此书的您，感谢这本书的每一位参与者，成就了现在的这本书，感谢生命中的每一个人，是他们让我感受着什么是真正的人生，怎样才是真正的自己，最重要的是感谢与这本书有关的那些经历，以及这些经历所给予我的每个新奇的感觉，这些感觉的每一个微小过往都让这本书的甜度倍增，也让我的人生因书缘而丰富多彩。我也希望读到这本书的每一位朋友，生命的甜度不断增加，如这本书能给你增加甜度，就是我最大的收获，如是，幸甚至哉。"我想他正在品尝的正是许多人从未尝试过的精神大餐。

写书如苦僧独对禅灯，是文化苦旅。骆回能够事不避难，潜心其中，究心释道，正是他对文化的正面阐释，他没有"戚戚于功名、孜孜于逸乐"，而是从读书、写书的生活的本真与体味其中的"甜"，并要把这种"甜"与大家分享，这种无私、自觉的"善"正是我们这个社会平复浮躁与功利情绪的根本所在，骆回不但做到了"君子素其位而行"，而且还能"和而不同"，他正在以自己"特立独行"的思想模式来探究企业以及企业家的核心价值。埃德加·H.沙因强调："文化的精髓就是这些共同习得的价值观、理念和假设，它们随着组织继续获得成功，而变成共享的和理所当然的"。文化最终的都会变成人类共享的精神成果，每个作者把作品与读者分享都是一种无私而自觉的"善"，正是这种"善"，让我们的精神世界更加充实富有，让我们的心灵不断得到抚慰。而崇尚文化的人必然会从中获得非凡的收获与美妙的精神享受，因而我愿意与读者一起期待他有更多更精彩的作品来与我们分享。

（作者：华南理工大学新闻与传播学院副院长、品牌研究所所长、广东省新媒体与品牌传播创新应用重点实验室主任、教授、博士生导师）

2015 年 1 月 28 日

自　序

在我的人生中，那些与同事、朋友以及合作伙伴同甘共苦、和衷共济的历程，以及所从事的事业所带来的各种际遇，常常会让我萌发出许多感想。这些感想随着时光荏苒、岁月变迁而不断沉淀，焕发出独特的光芒。于我而言，看似平凡的小事，却蕴藏着人生的真谛。所谓人生境界无一不是从生活最细微处去发现、去感悟的，关键在于我们有没有美好的心灵，有没有智慧的眼睛，是不是用心地从这些细节里面真正获得需要的知识和感悟。每个人的经历不同，禀赋各异，但如果遇事反观内心，去思考，去探究，日积月累，即使默默无闻的情节，也能使人触景生情，在瞬间感受到生命历程中的欢欣和磅礴。

悟的来源取自于人类的社会知识及自身的经验积累，一个人积累的知识阅历越丰富，其觉悟程度就应当越高。但是，由于人的个体经验积累途径和认识活动等方面存在差异，这种觉悟程度的高低也并非一如既往地能够得到正确的或充分的体现，所以才会出现具有相似知识层次结构但世界观却迥然不同的人的个性差异。而善于观察和思索，可以让人获得更高的感悟能力。

有什么样的眼光，就有什么样的生活，年轻时追逐成功，渴望辉煌，这说明我们需要种种外界的辉煌来印证自己的人生。但是等到生命的历程愈行愈远，我们是否会想除了这些物化的东西，我们还能为身边的朋友，为那些爱我们、陪伴我们的人留下什么？于我而言，思想上的光华，人生哲学才是最丰盛的财富，分享知识和分享食物是最大的善良。因此，在工作中，在生活中，我常常把知识作为最珍贵的礼物，送给这些爱我的人和我爱的人，我认为，我的学生、同事、朋友可能只是在人生的某一段与我同行，但通过这一段，他们的价值提升了，这才是我真正的快乐和成就感所在。这是我理解的人生在获得成就以后的超越，是真正的成功。

编写自然类《与植物有个约会——对话植物》、文化类《与房子有个约会——对话房子》、人文类《与温哥华有个约会——移民、留学见闻》、营销类《与上帝有个约会——感觉营销》、管理类《与伯乐有个约会——会跟与慧根》、哲学类《与三形有个约会——财富哲学探源》、家庭理财类《我家的钱哪里去了——家庭理财》、长篇小说《年姐》是我生命旅程里的偶然中的必然。因为所从事的工作、专注的事业、相处的人和事跟书中的内容息息相关，人生的工作岗位也许有偶然成分，但在岗位上的认识和思考就是必然了。

我从事园林绿化、盆景艺术、赏石研究十多年，跟植物发生了太多的感人故事，2000 年 5 月，我在种植一棵樟树时，摆弄来拉扯去，还是不能让客人满意。李工说，这棵樟树的脸，应向主人。经过调整后，客人顿时喜形于色。这件事让我明白了，植物是有脸面的。

2001 年 3 月，我在苗圃场里巡查，发现一株红继木不像别的植物那样争奇斗艳，已经无精打采一个多月了，没有生机，没有光泽，叶子背面原有舒展挺拔的容貌变得平平然了，没有一点儿张牙舞爪的架势。无论怎样施肥浇水、呵护也不见起色。我叫工人搬到一处开阔地上。一个星期后，我发现它焕发出勃勃生机；两个星期后，花蕊特别饱满，开花后尤为鲜艳。事后我在饭桌上跟老园工刘工谈起这段经历，他说，树不高兴了，也会给你脸色看……因为你把这株红继木放在大树下，这棵大树欺负它……哦，植物也有情绪，也有情感，太神奇了！我从此开始留意起植物的形态和情感世界。在十多年的实践中，我保持着把与植物的对话记录下来的习惯。因此编写了《与植物有个约会——对话植物》，并于 2012 年年底交予华南理工大学出版社出版发行。2005 年初又做了房地产开发商，房子从居住享用到研究开发供应给千家万户。在这个工作里发现，无情的钢筋水泥经工程师和工人们的浇筑后变成了具有无限生命力和精神世界的艺术品，供人们享用和欣赏。我发现房子与人的关系不仅仅是单纯的交易、居住，而是有千丝万缕的情感纠葛。2005 年 7 月，我带一位客人去看一座房子，客人看的时候，上下打量，手轻柔地摸墙推门，情形好似抚摸拥抱爱人。成交后我问客人，你急用这房子吗？客人说，我不急用，在我没想好怎样侍弄它之前，我不能搬进去，她太可爱了。交易前你就是要多加10万元钱，我也会跟你成交的。我在想，这房子真就似情人，彼此是有说不清、道不明的机缘在融合。后来我在朋友聚会中跟在银行工作的朋友说起，他说："你这人太浪漫了。房子就是房子，你联想钱了，它是投资品。你思念人了，它是情人。你想得到身份了，它是宝座的载体。"是吗？真的是这样。我开始迈上了对房子的研究之路，经过七年的辛勤努力，创作了文化类《与房子有个约会——对话房子》，并于2012年年底交予花城出版社出版发行。

在学校、在公司里一直当干部，免不了有很多机会跟人打交道，面对同学、同事千奇百怪的问题，有的看似简单，但分析起来，处理过程可复杂了，让你不能自拔，走不了，躲不开。简单的事件揉进了感情因素演变成了事情，这时候就不是事件本身了，而是要以感情的手段才能解析和解决的事情，因为做事和办事情是两码子的事。

1992年5月，我自国有单位下海，个人闯江湖。为了应急帮补家庭开支，我在广州驾驶70 cc嘉陵摩托车搭客赚钱。记得是7月的一天晚上，11点多了，我在广州火车站搭一位客人去石井水泥厂。正值半夜三更又下雨，把客人拉到广州市石井水泥厂大牌坊下，我对客人说，到了。客人放眼一看，名字没错呀，但漆黑一片，哪有什么人呀。不对！他开始跟我理论起来……说好的10元钱不给了，我哪能放过，把捏在他手里的10元钱拿起走了。事后想起，这件事怪谁呢？客人说"广州市石井水泥厂"，我把他带到了大牌坊下，字写得一清二楚，我也没错。问题是客人不满意，这完全是因为沟通不到位。客人没有精确地告诉我他要去的具体位置。石井水泥厂是大型国有企业，占地面积很大，厂区、办公区、生活区都不在一个地方，三者之间就不是按米来算的，而是要按公里来计算的，10元钱到厂区，15元到办公区，20元到生活区。到达牌坊下双方又没有很好地进行协商，他说不给钱，我就上火。他说不出到底是什么地方，我又没有耐心载着他到处跑，他又老是说我的不是。在沟通不到位的基础上，我们在问题矛盾出现时，彼此没有换位思考，互为妥协，因此给我自己留下了自责，给客人留下了痛苦。自此以后，我很重视细节的沟通和交流，当沟通不成时就注意换位思考和妥协。这些都给我日后的商务行为、客户沟通、同事相处等方面带来了良好的回报。我们和客户、同事的交往，绝不是简单的交易关系，更多的是因彼此情感需求、诉求的发现过程，是一股看不见摸不着的力量来牵扯着双方。这种约会可能不是预谋式的，但肯定是有方向认同的。情感上的体验因人而异，但道理必然是彼此相通的，我把这些体验进行升华和提炼，理性地把这些情感上的东西转变成有理有据的文字，在21年的从商经历中，保持思维文字化，点滴心得记录后，就编成了营销类《与上帝有个约会——感觉营销》、管理类《与伯乐有个约会——会跟和慧根》、哲学类《与三角形有个约会——财富哲学探源》，这几本书也相继于2014年10月交予中山大学出版社、华南理工大学社出版。在这些书里，我没有太多的情感活动变化的描述，因为我感性的情感体验必须通过简单普世的理论逻辑去表述才会让更多人以此为思考路线。去体验客户和同事的想法，得到共鸣，因此而共生、共荣、共赢。

2005年3月，在花都区政协会议上邂逅了优秀的企业家刘先生，受他的启蒙和指引，萌发了移民的想法。经过漫长申请和付出，终于在2008年年底获得加拿大政府的移民批准，在2009年2月21日我举家移民到万里之外的加拿大温哥华。这是我人生（包括我的家族）最大的一件事，也是我人生最大的投资。在温哥华的日子里，新的环境、新的人文、新的民俗，感觉太阳也像换了个样。在温哥华生活期间，所见所闻、所思所想，体验到的一切都是这样令我和我的家人好奇和不安，特别是新的生活规矩、新的人际关系，都需要从头来过，就好像刚来到"人间"，逃离或留下都是人生最大的两难选项。我很用心地记录着每一天的点点滴滴，感觉到有责任分享给需要了解温哥华的人们，在不长不短的五年时间，有意识地阅读当地的华文报纸杂志，广泛地跟老华侨学习生活生存技巧，积极主动参与各种社会活动，与各式的社交圈子交往，报名参加丰富多彩的讲座，用笔和纸记载下了我在异国他乡的生活，用相机记录异域的人文、地理。经过5年的努力，我编写的《与温哥华有个约会——移民、留学见闻》已由华南理工大学出版社出版发行，我仍需努力，将我在家庭理财方面的心得和所学的知识整理成《我家的钱哪里去了——家庭理财》一书，我愿意与读者分享挣钱与赚钱的心得体会，分享家庭资产合理配置、科学管理以及如何经营家庭资产并使之保值增值的认识和感悟。

在过去的20多年工作生涯里，我曾经历了农场知青、牛车倌、地摊贩子、摩的司机、花木工、养猪专业户、地质队员、保险经理、土木工程包工头；学习培训经历了中专、大专、本科、EMBA硕士研究生、博士研究生的学习；曾从事过的行业包括农场、养猪场、林场、塑料铝合金模具厂、电木厂、消防器材厂、酒店、园林绿化、房地产开发、食品保健品厂、教育培训机构、企业管理顾问咨询等工作；曾担任过政工干部、科长、处长、总经理、董事长；在社会组织中担任过商会会长、学校奖教奖学助困基金会主席、政协委员和政协常委、中央党校学员。这些经历和实践是我的人生财富，为我的文学创作提供了丰富的素材，也是我坚持了20多年创作的原动力。为了这套丛书的写作，我20年如一日，经常闻鸡起舞、继晷焚膏、笔耕不辍，努力记录这些生命历程中的故事，人生细节因记录而定格在美妙的瞬间，人性的光辉得以升华，这些书，最终成为我人生哲学的真实写照，更是我思想、心血的结晶。

编写这套丛书的20年间，不得不去记载那些难忘的点滴岁月和刻骨铭心的人物和事情：1992年下海勇闯商场的兴奋和艰辛，1998年绿源花圃场开工的喜悦和苦涩，2004年绿回园林公司中标花都标志性迎宾大道全线景观工程的高压工作状态，2009年移民温哥华茫然动荡的经历，2014年房地产公司和消防器材工厂的剧变。五年一个轮回的转折对身体的劫难，无论何种环境，日子如何动荡不安，我都没有放下手上的笔，争分夺秒，潜心耕耘我热衷的书田，坚守自己的信念和承诺，以至于严重透支身体而患病，住院输液补充能量是常有的事。如果说我身体上的疾病跟这套丛书高强度的创作有关，这也是事实，只是旁人无人知晓难以体会而已。感恩父母给了我智才不差的脑袋和可支持高强度工作的身体！感恩丰富多彩的人生履历和丰盈的生命体验！感恩刘有桂先生、蔡昊达先生、蓝和平先生给予我的事业帮助！感恩让我开心高兴、令我痛苦无比的人和事！感恩人生每个阶段陪伴我同行的同事、同学、朋友……

这套丛书的编印成功，最要感激的是我的祖母，在我童年时她教会了我细心观察事物、认真待人处世的习惯。父亲骆水祥是位优秀的教育工作者，他著书立说丰厚，言传身教，使我做生活的有心人，在他熏陶下我有了将自己所见所想所悟书写成文的习惯。母亲和妻子给予了我生活的照顾和鼓励，当我气馁时她们总是以微笑和甜蜜的言语感召和支持我，让我十多年来没有因生活的忙碌与艰辛而放下笔。还有家里的其他亲人，哥哥骆湛、姐姐骆江、弟弟骆丰，在我艰难的日子里他们给予了我无私的奉献，女儿Jacqueline、儿子Terry为我的工作或写作奉献了丰盛人生的体验。本丛书的编写既是艰苦和漫长的耕耘过程，更是精神高度集中和思想释放的过程。没有身边亲人和同事、朋友默默的付出和支持，这是很难办好的事。这套丛书编写成功，离不开我人生各个阶段与我一起同行的同事、客户、朋友、同学的帮助和扶持。创作的激情来源于工作和生活，是他们时常的关注、欣赏而让我坚持不懈地努力，最终得以完成。感谢张承良教授、崔毅教授、段淳林教授、胡北光剧作家、刘正生教授、黄丰平老师、王誉心老师、彭健老师、宋伟常老师、魏家坚主任、罗家坤老师、李江涛老师的指导和支持；感谢资深营销总监尚娟娟在资料收集、整理、编录等工作的帮助支持，可以说因为她的贡献加快了我这些书籍的面世，感恩她的辛勤付出；感谢匡功、康文、吴嘉敏、梁中华等在编写"约会系列"丛书中给予的校对、打印等工作的帮助。

在这里我不能不提及中山大学EMBA（18）班、金铧钥基金会、逸仙同学会的老师、同学，华南理工大学风险投资研究中心、美国普莱斯顿大学博士班的导师、同学，国商联盟机构（信用资本平台）、塑式（中旗）培训机构、广东省新媒体与品牌传播创新应用重点实验室、华南理工大学品牌研究所的老师和同学。在学习组织里我感到非常温暖，老师、同学间的交流和互动中常常令我茅塞顿开，他们是在各个领域身经百战的精英，有相当丰富的人生体验和管理公司的感悟，展示出鲜活的生命力，我在后期整理文章中常常会引用他们说过的话和他们的工作案例，非常感恩他们给予我的帮助和支持。

2014年12月1日修订于佗城

前言 ··· (1)

上 概说篇

第一章 自然社会人文的三角形态 ··· (3)
第一节 自然界的三角形态解读 ··· (5)
一、地域与空间 ··· (5)
二、方向 ··· (6)
三、多彩的生命世界 ··· (8)
第二节 社会的三角形态解读 ··· (10)
一、社会地位 ··· (10)
二、精英及其优越感 ··· (12)
三、炫耀的资本 ··· (13)
四、政治诉求 ··· (14)
五、意识和潜意识 ··· (16)
六、后成功时代的追求 ··· (18)
第三节 人文的三角形态解读 ··· (21)
一、文化的含义 ··· (21)
二、敬畏之心 ··· (22)
三、学习作为一种权利 ··· (24)
四、学习力 ··· (25)
五、学习的方法 ··· (27)
六、阅读中的看图摸索 ··· (28)
七、知识分子的角色 ··· (29)
本章小结 ··· (31)

▲ 第二章　人生际遇的三角形态 ……………………………… (32)
第一节　群体的三角形态管窥 ……………………………… (34)
一、群体关系的类型 ………………………………………… (34)
二、同路人 …………………………………………………… (35)
三、家庭关系 ………………………………………………… (37)
第二节　人生的三角形态管窥 ……………………………… (39)
一、愿望 ……………………………………………………… (39)
二、危机 ……………………………………………………… (41)
三、工作的混乱三角 ………………………………………… (43)
四、行动的条件 ……………………………………………… (44)
五、舞台 ……………………………………………………… (45)
六、宽容度 …………………………………………………… (47)
第三节　人际关系的三角形管窥 …………………………… (50)
一、人际关系的你我他 ……………………………………… (50)
二、成功沟通的思考方式 …………………………………… (51)
三、人的关系本质 …………………………………………… (53)
四、交往中的共鸣 …………………………………………… (55)
五、沟通的艺术 ……………………………………………… (56)

本章小结 …………………………………………………………… (59)

▲ 第三章　个人修炼的三角形态 ……………………………… (60)
第一节　修炼原则的三角形态 ……………………………… (62)
一、正确地做事 ……………………………………………… (62)
二、态度的首要性 …………………………………………… (64)
三、信任的重要性 …………………………………………… (65)

四、成功的条件 ································ (68)
　　　五、人生境界的建筑隐喻 ·························· (70)
　第二节　修炼管理的三角形态 ·························· (72)
　　　一、压力管理 ································· (72)
　　　二、愤怒管理 ································· (74)
　　　三、知己知彼 ································· (76)
　　　四、荣誉管理 ································· (77)
　本章小结 ······································ (80)

中　企业管理篇

第四章　企业组织结构的三角形态 ·························· (83)
　第一节　公司财物要素的三角形态 ······················ (85)
　　　一、公司的基本三元素 ·························· (85)
　　　二、资本的类型 ······························· (86)
　　　三、资本的维度 ······························· (87)
　　　四、财务管理 ································· (89)
　　　五、税务管理 ································· (90)
　　　六、税收风险管理 ····························· (92)
　第二节　公司领导层的三角形态 ························ (95)
　　　一、董事会 ··································· (95)
　　　二、首席执行官（CEO） ······················· (96)
　　　三、领导者信仰和意志 ·························· (98)
　　　四、领导者的本事 ····························· (99)

五、部门的责任制 ……………………………………（101）
　第三节　组织团队的三角形态 …………………………（103）
　　一、公司伦理 ……………………………………………（103）
　　二、组织文化 ……………………………………………（105）
　　三、组织行动力 …………………………………………（107）
　　四、团队的关系 …………………………………………（109）
　　五、组织中的个体价值 …………………………………（111）
　　六、效能比效率重要 ……………………………………（112）
　第四节　人才的三角形态 ………………………………（115）
　　一、人才体系 ……………………………………………（115）
　　二、处理问题的能力和水平 ……………………………（116）
　　三、动机、行为与结果 …………………………………（118）
　本章小结 ……………………………………………………（120）

▲第五章　企业管理方略的三角形态 …………………（121）
　第一节　企业管理本质的三角形态 ……………………（123）
　　一、管理的本质 …………………………………………（123）
　　二、制度管理 ……………………………………………（125）
　　三、目标管理 ……………………………………………（127）
　　四、人才管理的本质 ……………………………………（129）
　第二节　企业管理战略的三角形态 ……………………（132）
　　一、企业经营 ……………………………………………（132）
　　二、企业管理战略的三个层面 …………………………（134）
　　三、企业战略 ……………………………………………（136）
　　四、成长战略 ……………………………………………（138）

五、行业品质战略 …………………………………………（141）
　第三节　企业管理策略的三角形态 …………………………（144）
　　一、企业盈利的能力 …………………………………………（144）
　　二、总成本 ……………………………………………………（146）
　　三、营销过程中的价值拓展 …………………………………（148）
　本章小结 …………………………………………………………（151）

下　市场营销篇

▲第六章　营销战略的三角形态 …………………………………（157）
　第一节　市场的本质 ……………………………………………（159）
　　一、市场本质 …………………………………………………（159）
　　二、市场经济的特征 …………………………………………（160）
　　三、竞争的意义 ………………………………………………（161）
　　四、市场格局 …………………………………………………（163）
　　五、市场竞争定位 ……………………………………………（164）
　第二节　市场营销的本质 ………………………………………（167）
　　一、产品营销 …………………………………………………（167）
　　二、营销的组成元素 …………………………………………（169）
　　三、影响产品销售的三角 ……………………………………（171）
　　四、营销流程 …………………………………………………（173）
　　五、差异化营销 ………………………………………………（175）
　　六、营销的边界 ………………………………………………（176）
　本章小结 …………………………………………………………（179）

第七章　消费需求的三角形态……（180）

第一节　消费者与消费动机……（182）
一、消费者认知……（182）
二、体验产品……（183）
三、消费的三种表现形式……（185）
四、消费的动因……（187）
五、炫耀性消费……（189）
六、消费者的品位……（192）
七、房子与品位消费……（194）

第二节　消费需求的三角形态……（196）
一、消费需求的价值取向……（196）
二、消费者的需求心智……（197）
三、影响消费者购买的因素……（199）
四、消费者的显性需求和隐性需求……（200）

本章小结……（203）

第八章　产品生产的三角形态……（204）

第一节　产品研发的三角形态……（206）
一、产品……（206）
二、产品的整体概念……（208）
三、研发周期与产品生命周期……（210）
四、时尚产品的创造性……（211）

第二节　品牌与专利……（214）
一、品牌的本质……（214）
二、品牌价值……（216）

三、专利产品 …………………………………………（218）
　本章小结 ………………………………………………（221）

▲第九章　服务成交的三角形态……………………………（222）
　第一节　市场服务的三角形态 ………………………（224）
　　一、VIP 的功用 ………………………………………（224）
　　二、服务的价值 ………………………………………（226）
　　三、服务的过程与结果 ………………………………（228）
　　四、交易 ………………………………………………（230）
　第二节　市场成交的三角形态 ………………………（232）
　　一、销售过程中的要素 ………………………………（232）
　　二、成交管理 …………………………………………（233）
　　三、营销气场 …………………………………………（235）
　　四、销售技巧 …………………………………………（237）
　本章小结 ………………………………………………（239）

▲参考文献 …………………………………………………（240）

▲后　　记 …………………………………………………（242）

▲附骆回约会系列丛书介绍

前　言

◆ 一、思考三角形

在我的生活中，我总是能够感觉到有一种力量在不断地改变着我，改变着我的事业，改变着我的心智，改变着我的自然角色以及社会地位，这种改变的动力总是在时空中逐渐集聚而达到一个临界高点。当我在人生或事业高点上时，我发觉我已经不是昨日之我了，我已经从三角形的一个角点到另一个角点上来了。比如结婚成立家庭，改变了我的自然身份，我意识到自己又多了一个"丈夫"的称谓。随之而来的是存在状态的改变，从我与父母这一个三角形结构延伸到"妻子—我—父母（岳父母）"这一新型的三角形结构。因而我必须要重新定位自我，因为我深知：上帝安排一个女人来爱你，一定会顺便告知你应负的责任。懂得这个道理，婚姻家庭才会稳定。

我喜欢左宗棠题无锡梅园的对子："发上等愿，结中等缘，享下等福；择高处立，就平处坐，向宽出行。"这24个字在我看来就是两个三角形，一个三角形是"修身"，另一个三角形叫"立世"，这是"极高明而道中庸"的人生哲学，凡事在不尽处，意味深长。小时候我在田埂上飞奔，跑得很快，不是因为我脚力好，而是我担心重重地踩踏在田埂上会陷入泥中。这种跳跃式的奔跑，分解了身体落地的力量而不至于踩坏田埂，这里暗含了轻功的原理。我就是用这种"轻功"制造着"飞翔"的感觉，奔向田埂尽头那条大路。专注走好每一步，不偏才能不失，这就是身在窄处向宽处而行的"立世"态度；而不要落入泥沼中，不要失脚踩坏秧苗，不要弄脏鞋子，这正是一种"修身"的态度。细想，这都是三角形的结构原理,你要兼顾三个方面,才能实现完美。因而,我一直都在为自己所拥有的"修身""立世"这两个三角形而努力。

思考是造物主赋予人类最实惠的福利。仰观宇宙之奇,俯察市井百态,思考能帮助我们厘清其中的道理,感悟禅哲,享受惊喜。思考是感受美的过程,更是洞见哲理的基础——哲学是对实践的反思,是思考验证真理的过程。于我而言,思考是一种享受。于是,我欣然接受了造物主这份慷慨的福利,很长一段时间,我的思考集中在一个图形上面了,这就是三角形。

我关注三角形,并对这个由三条线段首尾顺次连接而成的封闭图形由衷地产生一种虔诚敬畏,是因为感受到了其无所不在的力量,进而想用一本书来阐释蕴藏其中的哲理,探究其形成、转换、相互作用下所生成力量的要素,探寻在这个力的作用下事物本体所发生的变化逻辑。我深信这个看似简单的图形,蕴藏着颠扑不破的哲学内涵与丰富的文化符号以及无穷的宗教思想及人文生命轨迹。它既是人性的一种度量,又是生命质量的一种空间表述,它不但能改变自然生命的吉凶休咎,也满含着人文科学的范式定律。因此,值得一探究竟并乐此不疲。

二、生命的三角形

我们的生命在落地的那一刻就与父母形成了一个叫做"家"的三角形。生命界的三角形现象无所不在,其存在的形态不仅仅铸就了万物的自然属性,而且时时刻刻在改变着我们,影响着我们生命的轨迹与质量。我们生命的每一个环节,每一个阶段,都是以一个三角的形态而存在的,生命过程就是无数个三角形的累积叠加。三角形时时陪伴着我们,改变着我们。比如:"家—爱情—事业"是一个人生命中的大三角形,这个大三角形就是由许多小三角形组成的。分解下去就是家由"父—母—子"组成,这是一个三角形结构的社会单元,一个家庭是不是幸福,在于它的完整性,而完整的要素是缺一不可的。爱情也是由三个缺一不可的元素构成的,史登·柏格教授在其学术著作《爱情心理学》里指出,爱情主要包含三种元素,它们是"热情—了解—承诺"。史登·柏格把上述三项元素合称为"爱情三角形理论",认为古今中外人间爱情,大致如此,脱离不开这三项元素的组合,差别仅在于它们之间的相对比重与位置。事业是人对社会影响的生命活动,"举而措之天下之民,谓之事业"(《周易·系辞》)。隋唐间儒家学者、经学家孔颖达疏:"所营谓之事,事成谓之业",我的简单理解是"事业就是值得毕生持续追求的事情",那么事业无疑就是由"目标—创造—成就"构成的三角形,这三个要素中缺少一个,必定事业难成,也很难称为事业。一个成就事业的人,必要兼顾三个点互为依存的关系,对三个点的科学整合也必定会迸发出巨大的力量,是事业成功的保证。我们还可以把各个元素不断地分解下去,这样就会发现我们在哪个三角形上出现了问题,哪个三角形需要调整,需要重新分配各个角点的能量,这就是我们工作生活中的求解之道。生命中所形成的每个三角形的结构与肌理,决定着我们生命的质量,我们一生的奋斗目标就是为了规划并追求一个完美的三角形。

三、美的三角形

审美是我认识世界的一种渠道,是我钟情一物或者一事之前的思维预热。审视三角形态,从中领会力量之美,探究其构成元素的哲学属性,是一件劳神却养心的乐事。因此,我常常会在一个三角形面前去开悟愚暗,求解其中真谛。有时就像站在米开朗基罗的雕像前一样,内心明显感受到了某种力的冲击。这种力是有棱有角的,在感觉上不抽象,不笼统,细节很明确,它是具体的。由此我认为美的形状必是三角形的。康德说:"美,是道德上的善的象征。"我想这是哲学家心目中完整的人格形状:由"真—善—美"三点所成的形状,构成了人格的三角形,缺一不可。缺少一个点,那就是人格上的缺陷,或者说有缺陷的人格。而相互联系、相互依存、相互转换才会形成一种力量,这就是我们常说的"人格的力量"。人格力量的中心源就是道德,道德高尚的人必真,道德高尚的人必善,道德高尚的人必美,就是康德所说的"至善"是"稳定性"的"三角善"(《实践理性批判》第16~17页)。因此,可以说人格的力量是有形的,而不是我们常常所说的无形的力量,我们习惯把这些意识形态领域的力量称之为"无形的力量",其实是因为我们无法用肉眼直观地看到这种力量,也无法用一个能量单位来计算它。但是我们知道它确实存在,并且能把它描绘得十分具体，比如我们说："榜样的力量是无穷的！""无穷"就是我们感受到的"度"。这些形而上的力量是以一种特殊的形态而存在的。而且改变我们这个世界并推动历史车轮前进的恰恰是诸如"道德"、"人格"、"思想"这种形而上的力量。只要我们把这种力量三角化，就可以阐释其存在、变化的哲理内涵，并有效地消弭人格的卑琐，改变其存在模式，产生并释放正能量。

四、道法三角形

三角形现象早就被哲学家加以研究和运用，黑格尔说："哲学是完整的三角。"（《法哲学导论》第86页）著名心理学家马斯洛在《动机与人格》中，将人类的需求由低到高划分为生理需要、安全需要、爱与归属需要、尊重的需要和自我实现的需要五个层次，并用三角形直观地表示出来。马斯洛阐述的人类需要之间的关系，是相互依存、相互作用的，每个层次的萌生和形成，都是低一级层次力量向上转化的结果。我们是不是可以这样认为：哲学思维的基础就是三角形的？中国古代先贤的"天地人"三才与西哲三元本体论，认识与存在都是有棱有角的。哲学是对思想意识的性质不断重新鉴定的结果，是哲人运用右脑剥离世界外衣的过程，是思考的果实。我们常说："有棱有角的思想"，就是在描述一个以三角形态稳定存在的、经过思维活动而产生的结果。《周易》是一种象征哲学和符号形式哲学，"天地人"三才是三角形互为依存的关系，三才之道阴阳互动，刚柔并济才成仁义自然，因而道法自然的体系就是呈三角形状的。"将三元的符号关系看做哲学的主题"（德国当代哲学家阿佩尔语）的符号体系正是中国古代哲学的优势所在，我们由此能够直观地发现其中所蕴含的道理。三角形正是通过其自身的存在形态来给予领悟者以思想启迪的。

五、数理三角形

在数理上，"三"是一个极度，但是为什么"三"就是极度，就鲜有人阐释其宗了。这是因为事物归于"三"时已经形成了一种态势，这种态势具有相对稳定的性质，是一种极限状态。超出三，性质就变化了，就会衍生出其他性质相异的物质来。因此，我们常说"事不过三"。老子说"道生一，一生二，二生三，三生万物"概括了"三"的哲学属性。汉语中关于"三"的富有深厚哲理内涵的句子比比皆是：三家分晋，三足鼎立，三人成虎……这里不但阐述了事物发展的转换关系，又揭示了其变化过程中能量转化的关系，它在形成一个相对稳定的态势时，往往能量最大，能够把各个点的力量聚集成一个能量的中心，我们姑且把它称为"中心能量源"。这个"中心能量源"达到最大值时，就是极度。因此，凡事有度。"三人"为什么就能"成虎"？为什么不说"四人"或是"多人"成虎？这恰恰说明了三个点间能量的相互转化、相互影响、相互作用从而所形成的力量极度。因此，汉语成语中有关"三"的成语，其实是在描述一个三角形态，而这个形态是能量最大的前提条件。

人与自然，总会有三个点是最重要的，这三个点相互作用与反作用，形成能量的中心源，最终会把能量集聚在一个点上，因而这个点的能量最大，这时就产生了事物的极度。当然这三个点不是一成不变的，也是有主次的，并在不同的时空不断发生着变化，万变不离其宗的是三个点所形成的一个存在形态，这就是三角形态。

六、自然三角形

三角形具有稳固性是人们拥有的最直观的知识，而却鲜有人理解其自然哲学属性。一把沙子自然流下所形成的三角形，其自然锥角为52度。科学验证自然形成的角的三角形是最稳固的，而始建于3000多年前的古埃及金字塔正是以这个"自然极限角或稳定角"建造的，其四面上小下大等腰三角形所化解沙漠风暴侵蚀的功能，就集中体现了三角形纳风雷于内的神奇力量。公元前6世纪，古希腊哲学家、数学家毕达哥拉斯的学说认为：三角形的希腊字母"Δ"是宇宙诞生的标志。那么我们联想地球大陆所呈现的顶点南向的倒三角形，也一定是一种力量作用下地球发展的必然而不是一种自然巧合。自然力量所体现的三角形现象无处不在，并让我们惊叹不已：山隆起的形状以及江河入海冲击而成的广阔的三角洲，燃烧的火苗是一个顶点向上的三角形，而水滴是顶点向下的三角形，等等。这些壮观的自然形态都是在三角形力量的作用下形成的。一路汇溪纳川的大江大河，裹挟着泥沙，以万霆之势来到大海边时变得和缓温顺，正是它重新分配了其各个角的力量，流速缓慢，泥沙沉积，从而造就了地球上长江三角洲、珠江三角洲、尼罗河三角洲……这些养育万物生命的大片沃土。这正是三角形力量变化的自然杰作。人类顺势而为，将其发展成为特点突出的经济区域，这才有了"长三角"、"珠三角"经济区域。这里我要说的是江河日下的态势正是一个顶点向下的三角形，一路奔流时集聚了巨大的能量，而临近入海时其三角形发生了改变，形成了顶点向上的三角形，这时是在释放能量，因此，三角形态在变化时必定伴随着能量的转化。又如火在向上燃烧时形似三角，而水滴也是呈三角形状落下的。这是一种"力"的姿态，是三角形生命力量的自然表现，正是这种变化，使"力"形成了新的作用方向，才有自然种种。

中国古代道教所阐述的卜卦衍生的辩证数列就是一个三角形，北宋人贾宪使用这个数列进行高次开方运算。以后又诞生了"杨辉三角"、"贾宪三角"以及西方的"帕斯卡三角"。因此，先有哲学三角而后才有自然科学三角，从三角形的哲理中去感悟睿哲谛禅，规避贪嗔愚痴，然后开启自然科学的奥秘，进而在生活工作中去践行、规避灾祸、探寻捷径、创造财富，这已经为许多人所秉持，也正是我热衷探究三角形奥秘的原动力所在。

七、三角形的运用

对三角形感兴趣，不仅仅因为它给了我道、哲的启示，这本书也不是要论证三角形的哲学逻辑，而是要从其不同的形态中探究其形成的要素、规律以及其存在的形式、转化的条件，探究平衡其各个角的艺术，不断刷新其相互作用与反作用的关系；寻找运用其正能量的方法；探索人类生存的形态、模式，探索其在企业文化建设、经营管理、交流沟通等领域的逻辑意义。究以致用，才是目的。

我们的祖先早在西周时期就注意到了"勾三股四弦五"的勾股定理，并由此计算出三角形许多内在的几何性质。比如：三角形具有稳定性，三角形的一个外角等于和它不相邻的两内角之和，三角形内角之和为180度……三角形成为人们解读、构思、建设生活的计算工具。其实人类生活的各个方面都离不开三角形,并在有意无意间利用着三角形原理。在古代奥运会上被列为正式竞赛项目的角力比赛,就是在考验运动员运用三角形变化规律的能力。这项人类用自身的力量而不借用任何工具去征服自然界的活动,要求运动员的身体重心随时形成一个稳定的三角形。身体的变化实际上是三角形的变化,也就是着力点的变化,在最佳时机顶点能形成最大力量者必定获胜。现代体育运动中的"三角进攻体系"已被广泛运用于篮球运动中,这是将三角形理论运用在团队战术上的实例。这种被称为三位一体进攻或边线三角进攻的实战战术,是包括进攻方一侧三名球员组成的"三角"和另一侧三名球员在内的攻防体系。这个体系怎么看上去都是一个三角形,但是不论后卫、前锋还是中锋,他们的站位并不是固定的,在不破坏三角形的前提下,球员们的站位完全可以交换,一旦站位开始交换,也就是三角进攻开始的时候。洛杉矶湖人队前主教练菲尔·杰克逊说:"三角进攻体系,不仅是一项篮球战术,也是一套哲学理论,是经过了思索与提炼、能够帮助球队在比赛中获得胜利的宝贵财富。当球队从防守方转换为进攻方时,确保球员能够思路清晰、目的明确地在对方的半场各就各位。"我想菲尔·杰克逊之所以将"三角形进攻体系"上升到哲学理论的高度,正是他意识到了三角形力量在团队中的作用,从而把运用这种力量视为战略进攻的法宝,使它成为管理团队的艺术,最终凝练成一种团队精神。我们在企业管理经营实践中,会经常用到这种"体系",如果我们没有意识到它存在的形态,就不可能厘清其相互转化的关系;在不能凝练成一种精神的状况下,就不可能获得其最大的能量,就不可能实现最大收益。

骆 回
于 2014 年 4 月中山汇星台 1003 室

上 概说篇

- ▲ 第一章 自然社会人文的三角形态
- ▲ 第二章 人生际遇的三角形态
- ▲ 第三章 个人修炼的三角形态

第一章 自然社会人文的三角形

在审视人类生存要素的时候,我们往往会强调物质条件的存在,而忽略了我们生存的地域与空间的重要性。作为自然要素与人文要素相互作用而形成的综合体,地域与空间决定着人生事业的长度和宽度。

地域与空间是可以改变和选择的,这样我们就有了生存的主动权。我们常常智慧地从大自然中围隔出一个空间来,这是人类求生存的主动意志的体现。正是有了这个主动性的意志,我们才会寻求隔离大自然的方法,这就是人类的创造本能。创造源自需要,比如我们穿衣服、造房子,等等,是需要导致了人类围隔大自然各式方法的创造。创造的过程也是寻找捷径的过程。在寻找或者称之为探寻的过程中，我们发现了影响我们生命质量的许多元素之间所存在的某种范式和某种联系。我们由此发现，无论宇宙时间、空间和物质以及那位我们从未谋面却又无时不在我们身边的造物主，都必然以某种形式与我们相伴左右，与我们一起构成多彩的生命世界。

有一点毋庸置疑，学习是一个人获得被尊重地位的必由之路，同时，学习也是一个人与生俱来的权利。为了这个权利，我们会吸收他人的"爆破技术"，然后来开采我们自己的知识原矿。由此出发，去把握机会，认识深层的社会结构；由此出发，去把握流变的时间，来增加自己人生的厚度。

文化是现代社会意识的根基，是多维异质构成要素间的统揽。我们的肉眼所见不过是凡夫俗物，文化却能帮助我们窥探大千世界的真相，使我们懂得善良和感恩，并由此调和人对自然的专横与强暴。

真正改变命运的不是知识，文化才是真正改变我们命运的力量。古今中外许多大知识家，才高八斗，学贯古今，却一生命运多舛。这恰恰说明知识不能必然地改变人生命运，有些知识还会变成我们的包袱，就像核武器一样让世人忧心忡忡。知识改变的是人的社会角色，改变的是人的品位。我们努力学习、掌握知识就是为了有一个让人尊重的社会角色。知识能让人在现代社会多元观念的混战中找到自己的位置，知识是人立身于世的要件，它决定了生命的厚度，决定了自然生命的性格属性，它的意义在于刻意内敛而不事张扬，就像一堵清水墙的审美价值往往胜过炫富的菩萨金身。当我们懂得如何运用知识来改造世界时，就变成了文化现象。因此，文化是对知识进行使用的创造性的具体实践，文化才是改变我们命运的力量所在，它使生命拥有质量和高度。

第一节 自然界的三角形态解读

一、地域与空间

我之所以把人文、自然、社会作为一个三角形现象来审视,是因为自然要素与人文要素之间有着千丝万缕的联系。地域与空间是人文要素与自然要素的综合体,在人类文化的演变过程中,地域与空间既是不同群体的生存场所也是彼此区分和关联的边界,除了王朝"大一统"的政治区划之外,企业的生存也有着"小一统"的空间地域。生成企业生存空间的因素是多元的,但是其影响力却不尽相同,我在这里提出三个最重要的元素:维度—立体—平面,这三方面的元素影响着空间和地域的组成、变化以及其正能量。我在这里摈弃琐细,让我们一起理性地去触摸地域与空间纯粹的"物"的概念。

(第1个三角形)

上面的三角形图解了空间和地域的结构关系,这里的点、位、面的关系是相互依存的,无论哪一个点在不同的时间段内变化,都会引起地域与空间整体性质上的变化。维度,又称维数,是数学中独立参数的数目。在物理学和哲学的领域内,指独立的时空坐标的数目。零维是一点,没有长度;一维是线,只有长度;二维是一个平面,是由长度和宽度(或曲线)形成的面积;三维是二维加上高度形成的立体。

空间,与时间相对,通常指四方和上下。

平面，指在空间中，到两点距离相同的点的轨迹。

立体，具有长、宽、高的形体，是平面的反义词。

我们周围的空间有三个维（上下、前后、左右）。我们可以往上下、东南西北移动，其他方向的移动只需用3个三维空间轴来表示。在物理学上，时间是第四维，与三个空间维不同的是，它只有一个，且只能往一个方向前进。

平面、立体、维度都存在于我们周围的空间。而地域通常是指一定的地域及其空间，是自然要素与人文因素作用形成的综合体。

例如，企业的建立和发展与企业的地域与空间有重要的关系，其中不仅表现在企业的选址，更多地还包括维度空间以及立体空间甚至平面空间；企业想要有更好的发展空间，对三个地域空间的建设都不能忽视。

企业的维度空间领域，维度包括的经纬度每个交叉点的地理位置以及优越条件都是不同的，企业选择维度空间领域，应该考虑城市规划以及城镇化进程的影响。例如，就工业企业来说，选择工业资源比较丰富的地理位置，工业的开发性与后期的资源加工，以及企业的扩张都有重要的关系。再例如企业的选址是否考虑靠近原材料产地或者交通的便利性，等等，这也是企业的维度空间领域的选择内容之一。

企业的立体空间领域，其中包含的市场以及地域空间的大小，或是同类企业的分布密度等，其中对企业发展要考虑的横向发展以及纵向发展都不能忽视。例如产业的上下游企业在周边的分布情况，当地工业结构的供应链和产业链关系，等等。

企业的生存与发展必须要考虑空间与地域的关系，这不仅仅是玄学风水的问题，其中更多的是智慧的选择与科学的掌握。空间与地域合理配置，才会形成正能量；一个企业有了一个充满正能量的地域空间，才会走得更远。

二、方向

人类社会有一个共同的标识：指路牌。这个箭镞形状的三角形路牌，在世界各地最为常见，它是善良对迷茫的提醒，它是美学的定向符号。它能让迷途变得坦荡，能让踯躅者重新获得力量，这个箭镞所指就是方向，也是人心归宿目的地的前行目标。

我经常在这个箭镞形状的指路牌下驻足,不仅仅是因为迷路,更多的是因为它的形状:为什么世界上不同语言、不同文化的民族不约而同接受了它的形状?它为什么不是正方形的?为什么不是长方形的或是圆形的?我站在它面前,努力想读懂它的哲学语言。我想这个箭镞集中了指路者的善良本性以及公德意识,他把他的力量通过这个箭镞形状的三角形传递给你我他,最重要的是它能温暖迷途中的你我他。其实,人生旅途中,你能遇到这样的路牌,是一种幸运,如果你能意识到路牌后面那个指路者的善良,就说明你已经从他那里获得了前行的力量。人生需要他人的指引,而有了他人的指引,才能知道自己的位置。当你在左右之间,感知方向就是最重要的事了,找对方向,就等于你自己掌握方向了,你就不会左右为难了。懂得这些,你肯定能在下面那个三角形中找到自己。

(第2个三角形)

每一个人都有一个独立的空间思维模式,而这种思维模式的形成大多都有一个时间的过渡段。思维水平有高低之分,但在许多时候,每一个人认识空间的概念原理却都是相同的。"前、后、左、右、中间"的概念就是我们很多时候最先用来进行"空间"探测的手段,而过去这种方式也是相通的。

举个例子,当我们在野外走路时,在一定的空间范围内,我们不由自主地就会产生一种奇妙的方向感,左、右、前、后、中间都是我们可以选择的活动的区域。在这样的方向摸索之中,我们可以对周边的环境产生正确的意识。在这样的基础上,很多研究也表明人的理解能力水平的高低与空间认知能力有明显的关系。而最开始的研究也表明,小孩子对前、后、左、右、中间的认识水平越高，那么他的智力水平也就越高。

这些方向意识的训练也不是一定要专门抽时间去完成的，当我们手中握着汽车方向盘的时候，这就是一个很好的机会了。什么时候该"向前走"？什么时候该"往右拐"？这些都是每一个驾驶初学者的问题。这些方向思维的训练都是一个学习的互动，只要随便在日常生活中用点心思进行锻炼，让自己有机会练习，就能建立正确的空间感。

感知方向概念是我们空间概念形成的基础，这是一个空间探索的机会，正确认识这些方向，可以形成一个正确的空间意识。由上述可见"前、后、左、右、中间"可以很好地使我们进行沟通，并且很好地理解"方向"与"空间"的关系，所以说，它实质上就是一个非常好的基本技能。通过对"前、后、左、右、上、下、中间……"交互的记忆，不仅可以加深理解"空间"概念，对自身的认知能力发展也有一定意义。

三、多彩的生命世界

从唯物的角度看生命世界，生命是永恒的，无论化作一缕轻烟还是回归泥土，物质不灭，生命只不过是变换了存在的形态而已，是蛋白质变化了存在的形式。唯心的角度认识生命，也许生命就是那缕轻烟，或者是寄居在一捧泥土里的灵魂。在百度搜索引擎上，我们看到对于"生命"这个汉语词汇的解释是这样写的：生命泛指有机物和水构成的一个或多个细胞组成的一类具有稳定的物质和能量代谢现象，（能够稳定地从外界获取物质和能量并将体内产生的废物和多余的热量排放到外界）能回应刺激、能进行自我复制（繁殖）的半开放物质系统。（源自百度）具有能量代谢现象的物质就是生命个体？生命是一个物质系统？其实我不这样认为，我认为生命的特质性标志是具有情感，即便是植物也有情感，我在《与植物有个约会——对话植物》一书中曾描述了植物的情感表现，草木也有情。情感是生命具体存在的表现和目的，当我们懂得生命的这一特质后，才能做到生命体之间的心灵相通，这样就可与草木对话，听山水灵音，与江河叙短长。

动物、植物与细菌是相互依存的，动物离不开植物，动物需要从植物中获取生命的养分，而细菌是动物和植物的结构元素，三者构成了多彩的生命世界。他们是生命存在的常态形式，它们相互汲取养分而又通过生命的运动实现能量的相互有效转化。

（第3个三角形）

在生命世界里，我们知道一人一鸟是生命，一花一石也是生命。从细菌到植物，再从植物到动物，这些都是生命的形态。正因为生命形态的多样性才构成了我们眼前的这个多彩的世界。

动物、植物、细菌等生命之所以不同，在于生命具有无穷的发展潜力，不仅体现在外表、功能、生理结构等方面，而且是一种复杂性和综合性的个体进化。植物是一种最初的生命存在体，它进行光合作用，为其他的生命提供生存的氧气，它是生命世界中的生产者。之后便又有了动物和微生物的出现，它们扮演着消费者和分解者的角色。

生命世界就是这千千万万生命个体有机组成的一个神奇国度。我们不由得对生命产生了好奇，这些生命到底还有多少没有被发掘出来呢？我们对花草树木的认识是不是只是走马观花式的呢？这些未知谜团都等着我们去发现，从对生命世界的现象认识过渡到对生命本质的理解。

"生命世界"这个概念的诠释，不仅包括这些生命形态，最重要的是一种对生命负责任的态度。我们人类是生命世界里面的一部分，所以应该认识到世界上的生命是互相联系在一块的，大家都需要培养自己身上对生命的一种敬畏精神，关注生命，热爱生命，服务于生命世界。生命世界三角形中任何一种生命的缺失将导致另外两种生命不复存在或存在得毫无意义。

第二节 社会的三角形态解读

一、社会地位

每个人都渴望成功,那么判断一个人是否成功,不同的人心中应该有着不同的评价标准。一个人的社会地位是评价成功与否的重要标准。社会地位由名望、名利、权势三种元素共同组成。社会地位与社会角色是不同的概念,社会地位属于阶级范畴,而社会角色属于阶层位置范畴。社会地位是社会角色的阶级标签,社会地位越高,往往社会角色越重要;拥有一个人人尊崇的社会地位,是一个人终生的奋斗目标。有些人终其一生,就是想站在其他人的肩膀上,去俯瞰万众。这是一种渴望,是一种心态,其实也并不是坏事,关键在于人的核心价值取向,毕竟一个心存正能量的人往上迈一小步的时候,社会有时会前进一大步。

名望、名利、权势三元素构成了一个人的社会地位,名利和权势是基础,名望是自然天成,三者相辅相成、相互作用又相互制约,缺少一个元素,另外两个元素都难以支撑一个人的社会地位的稳固。

(第4个三角形)

名望,或者会让你想到一个古典词汇——名门望族。的确,一个人在社会上的名誉与声望,对其社会地位有着实质性影响。名望可不是容易收获的。在影视剧里面,家族里面有头有脸的长者,也是经过长期不断的道德行为的积累，才有了来之不易的德高望重。名望，来自于个人的社会贡献力度，来自于个人高尚的道德节操，来自于个人对于社会规则的掌控。

名利，即名与利。这让我想起了"名利场"这个词。传统教育劝诫我们要远离名利场，不要为了追逐名利而丧失了自我。而我们的成长，最终还是被社会名利裹挟着向前进。我们只得承认名利对于提升社会地位的重要性。名，即社会名誉；利，即财富拥有。因为，每个人都只承认最终结果。

权势，即权力头衔。无可否认，由于公权力最终只是掌握在一部分人手中，使得某些人拥有了改变某些事情的权力和调动社会资源的权力，这里所指的是有利于贡献他人的权力和势力。至于滋生腐败、权力寻租等，在这里不再赘述。因此，一个人实质拥有的社会权力，决定了其社会地位。

这跟员工在公司的地位其实如出一辙。你为公司立下汗马功劳，才能名利双收；你源源不断地为公司创造价值，才能有名望；你努力争取进入公司的高层决策机构，掌握核心权力服务集体。三者兼具，那么这个人在公司中就有地位。

社会地位还表现在：

(1) 与知识拥有量不成正比，与运用知识的能力成正比。

(2) 与财富拥有量不成正比，与创造财富的工具和渠道有关。

(3) 与人脉资源多少不成正比，与人脉资源质量关系大。

(4) 与消费品的好坏、多少本身关系不大，与消费品位关系大。

(5) 与所处权利空间位置有关，但跟这个权利空间里做的事关系更大。

(6) 与经济资源组织资源有关，但跟文化资源关系更大。

弄清社会地位与社会因素之间的关系，才能保有社会地位，无论是拥有社会名望，还是追逐社会名利或者权势，都要正确处理三者之间的关系。否则，虽然拥有了一定的社会地位，也会摇摇欲坠，地位不保。在当今社会比较普遍的是，位居显赫者往往把持不住欲望，大肆贪腐，一朝锒铛入狱，社会地位便轰然倒塌了。

二、精英及其优越感

何谓精英？是那些拥有走进象牙塔的天之骄子光环的莘莘学子吗？是那些爬上权力巅峰的所谓成功人士吗？是那些白手起家获得巨大财富的创业者吗？其实，精英应该是具有社会责任感、有改革意识并为之孜孜不倦奋斗的充满正能量的人才。精英在智力、性格、能力、财产等方面超过大多数人，其中极少数的精英代表一定的利益集团，掌握着重大社会事项的决策权，进而掌控着一定的社会资源。他们的态度、言行，对团体或社会发展方向和前景产生重要影响，起着决定性作用。

判断一个人是否属于精英阶层，离不开三个基本的原则：血统原则、财产原则、成就原则。一个人对于三个原则的自我认知，则是形成精英优越感的基础所在。

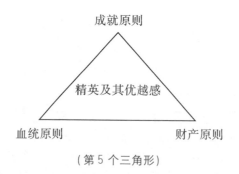

（第5个三角形）

三者关系中，血统原则与财产原则是精英优越感形成的基础，血统原则时时都在影响着财产原则，是财产原则的核心内容。血统原则与财产原则共同作用下形成成就原则，三者相互制约又相互依存，三者共同奠定了精英的优越感。

（1）血统原则。当代中国人不是很重视血统原则，人们最多只有例如"高干子弟"、"烈士后代"、"富二代"、"官二代"这种认识而已，对于家族血统没有多少人会有兴趣。这与近代以来中国社会的剧烈变动有关，也因为我们的传统观念一贯如此："天行有常，不为尧存，不为桀亡。"相比之下，在欧洲社会以及阿拉伯世界，民众对于皇族以及贵族血统的认可还是根深蒂固的。这种具有家族血统的精英往往具有优越感，我这里所指的血统仍包括成长背景、聚集财富和权力的背景、教育背景、对社会贡献等，这里所谓的血统不是纯粹的血统关系。

（2）财产原则。财产原则是判断一个人是否属于精英及其优越感形成的又一个重要原则。不可否认，一个人的财富收入往往跟他给社会所创造的价值成正比。在某种程度上说，能力与财富收入成正比。因此，凭借一个人所拥有的资产，判断其是否为精英，一般情况下，的确是无可厚非的。同时这里所指财产不是简单的、物质性的，仍包括精神、思想、非物质性的财产，社会地位等也属于财产之列。

（3）成就原则。这是相对以上两个原则较为公平的一个原则。一个人对于社会的贡献，体现在他对社会的发展有重要影响和作用。

由于上述的精英原则，落实在他们的自我意识和自我判断中，就支撑起了其作为精英阶层的社会优越感。

三、炫耀的资本

人活一口气，佛争一炷香。我们这个年代盛产"炫耀"，有人高调地炫耀了自己所拥有的资源，因此催生了"富二代"、"官二代"、"高富帅"、"白富美"等这些现代名词。有些人往往就是通过比较来获得幸福感，如果你把炫耀压在心底，比较能沉得住，好样的；但如果你"厚颜无耻"，不把自己的优越感抖擞出来誓不罢休，那也没什么，不过你的人缘往往会遭遇"诺曼底"。

我们讨论炫耀的资本，了解炫耀的家底，可以帮助我们如何从容面对"成功"人士的炫耀，把握自我，实现自我的价值。如果从心理学的角度去审视，炫耀是独尊意识在心里作祟的结果。炫耀是有成本的，因此要有足够的炫耀资本，炫耀最大的消耗是出卖精神尊严，迎来的是羡慕与鄙屑混合的目光、拥趸的恭维与仇富的敌视。炫耀是在异化自我，炫耀是空虚精神洼地努力伸出的一枝飘摇的思想芦苇，往往是自我沉沦的前兆。因此，这里有必要与大家分享我对炫耀的认识。

（1）炫耀的首要资本：经济优越。经济基础决定上层建筑。在人类社会，生存是头等大事，首先确保自己能够生存下去，才能有尊严有精力

(第6个三角形)

去干其他除物质之外的事情。所以，经济越是优越，一个人内心所拥有的尊严就越多，这个时候忍不住向外界炫耀的欲望便外露了，经济优越的人可以拥有很强烈的物质幸福感。

（2）炫耀的第二资本：物质丰盛。这跟经济优越在逻辑上可不是同一个意思。经济优越充其量指的是你在银行的存款数字符号，那是建立在文明社会经济规范的前提下。丰盛物质，可是看得见摸得着的物质享受，比如享用山珍海味、住海边别墅、开高级汽车等。享受丰盛物质，也就是说，你有机会有资格享受高端的物质条件，这也是现代人炫耀的一个资本。

（3）炫耀的第三个资本：精神尊严。如果一个人，他历尽磨难，经受过很多挫折而走向成功，付出过精神尊严的代价，那么当他最后如愿以偿的时候，强烈地想要炫耀自己的成功，以寻回曾经失落的精神尊严，这也是无可厚非的。对于出于这点而炫耀的人，我们更多应该怀着一种宽容与学习的心态，毕竟，凤凰涅槃是值得崇尚和尊重的。

如果你有炫耀的资本，实在有意或无意忍不住要外泄，请低调；如果你没有炫耀的资本，那也无须自卑，方向要始终向上。曹丕说："年寿有时而尽，荣乐止乎其身，二者必至之常期，未若文章之无穷"（《典论·论文》），我们也许用别的方式来表达优越感更能凸显自我。

四、政治诉求

新社会阶层知识分子的崛起必然伴随着新的社会文化的生长，深刻地影响着国家的未来。从某种意义上说,研究新社会阶层知识分子的价值观和政治诉求,也就是研究国家政治文化的未来走向,因而具有重大的意义。

政治诉求往往伴随着公民意识的觉醒,是公民政治地位的标志。政治诉求的途径是个人参与政治,公民投票也是表达政治诉求的方式之一。政治诉求往往体现出个人的政治热情,在一个社会里,众多个人的政治热情往往会成为影响权力运作的政治力量。如果出现"万马齐喑"的局面,那才是一个社会真正意义上的悲哀。

在现代商业社会,个体的价值得到重视,因此,我们对个人主体的利益及政治诉求都比较看重。随着社会经济主体的多元化发展,知识的力量被重视起来,人们对自身经济地位的平等,以及对自由、自在的追求也更加明显,这些个人政治诉求的改变,在一定意义上影响着社会发展的价值观以及整体的社会诉求,对政治文化的发展有着重要的影响。

我认为,个人的政治诉求所表现的愿望基本上就是三点:寻求平等、期望自由、获得自在,三者关系构成个人政治诉求的核心愿景。

(第7个三角形)

首先是政治诉求中的平等愿景。人是追求平等的,人能进行最基本的社会活动,享受相对的平等与公平。随着社会经济的发展,人类政治诉求的变革,对个人政治诉求中的平等愿景有了明显的改变。从千百年来的朝代变迁开始,古代君王制、君主立宪制直到今天的社会主义制度,人们越来越明确地追求社会普遍的民主和平等。以女性地位的变化为例,纵观从古到今女性个人政治诉求的变化,对平等的追求及其实现是最明显的,在中国,女性已经可以顶起半边天。

其次就是个人政治诉求对自由的追求，所谓自由就是人们根据自身意愿进行个人或是社会活动。但从主观感受来说，个人自由的追求，是有一定的限制的，这不仅有社会道德的限制，也有法律的限制和自然的限制，还有人际限制，比如人不能违背自然，也不能伤害他人。

最后就是我们所说的自在。平等针对的是群体的法则来说的，自由是从个人定位的，而自在这一点与自由有一定的相似性，但是并不可能有绝对的自在。比如，人在某种情况下对自己的行为是不能控制的，其中精神问题就是最常见的表现，另外我们说的自由自在并不是完全的放纵，个人的政治诉求是克制在群体的公共政治诉求范围下的，更不是我们所谓的个人主义或是极权主义。自在一定是在自由、平等、正义基础上的轻松的身体和言行的道德行为。

所以，我们在理解个人政治诉求的时候，对自由、自在、平等三个要素代表的意义，要了解清楚，经济基础决定上层建筑，个人政治与经济诉求是相辅相成的，但是并不代表没有法律和道德要求的，任何个人政治诉求都不能跨越法律和道德的底线。

五、意识和潜意识

意识是心理学上的用语。心理学认为，意识是人所特有的一种对客观现实的高级心理反映形式。意识又是哲学研究的范畴，是哲学讨论的问题。意识是一个跨越学科的用语，因此，到目前为止还是一个不完整的、模糊的概念。意识内容与行为有赖于大脑皮质的高级神经活动的完整，也可以说意识就是人的心理反应，是人自觉的、有目的的高级心理活动。人之所以为人的一个重要标志，就是人有高级的意识活动。比如思想的厚重、逻辑的缜密，都是其他生命难以企及的。意识、潜意识以及因环境约束而形成的规则观念往往会形成一个人的核心价值观。

一个人的意识与潜意识每时每刻都在透露着个人的价值观，价值观同时又受由外在的环境条件所决定的规则观念的影响。人贵自知，自知自己的意识以及潜意识有哪些隐含性问题，意识以及潜意识同时又在被外在的纪律影响规范着。中西方的处事方式区别很大：中国人先谋人后谋事，西方人先谋事后谋人。做好一件事，我们中国人往往更多地关注个人是否遵

（第8个三角形）

守规则，然后才是事件的整体运行；而西方人首先规范了制度环境，而后才是对人员的规范。

是乐意做忠实执行者，还是计较的叛逆者？这一点对于成长与成才来说都很重要。

我们所处的社会所产生的规则是制约所有人的，潜规则是制约自己本人的。人们制定的具体的、有形的规矩往往都是庄重和严谨的，这跟你自己内化的潜意识规则不是同一回事。个人是按照本人的潜规则去理解和执行某件事的意识。大家可以看下面的对比：

意识	潜意识
吸烟危害健康	吸烟可以带来舒服
开车冲红灯不对	没有警察，赶时间
超速有生命危险	尽快赶到目的地办事
一分耕耘一分收获	比不上足，比下有余
穿衣服保暖、文明	我喜欢有个性的衣裳

没有人能够将社会规则完完全全内化成自己内在的潜规则。每个人都在靠着规则观念规范着自己的行为，克制性地遵守规范。理智、守秩序的人一旦意识到需要遵守规范，往往就会自然而然把潜意识里自私的想法压下去，这就是意识与潜意识受到了纪律的控制。

人的潜意识到底是什么东西？人脑可分为五大软件（潜意识）：信念、价值观、情绪、见识、自我沟通。

信念，即你相信什么。价值观，即你认为需要去付出吗？情绪，即情感和状态。见识，即跟经验有关的案例与宽容。自我沟通，包括正面与负面的想法。

事实上，人类所有的改变中，最深刻的是改变自己的潜意识。人的某个潜意识一旦输入人脑，并坚定地重复执行了无数次以上，此时潜意识就相当于扎根于人的大脑了。潜意识都是不由自主地决定自我的需求，有时候人的心理作用往往可以抵抗药物对身体的伤害。也就是说，潜意识可以是脑部神经系统的习惯性行为。

规则观念指的是对社会及组织规范予以遵守的认知。组织的规范作为一种来自环境的约束，可以左右自己的思想行为（这与行动是由潜规则左右有所不同）。组织必须要有明规则来规范和指引人的潜意识，否则组织就会紊乱不堪。要实现自己的理想和目标，必须由组织的规范和纪律来保证和约束，因为它们是缩短达成目标的有效捷径。理想和目标必须是具体的措施和方略，规范就是这些措施中的纪律和管道。要想实现快速地到达目的地，就必须每时每刻都在检视组织的规范是否得到落实执行。当潜规则左右自己太多时，明规则对自己的影响力量就相应地削弱。

因此，养成遵守规范和纪律的好习惯，养成遵守游戏规则的从容心态，对于提升组织运行的有效性意义匪浅。

六、后成功时代的追求

许多人在成功之后往往会产生一种莫名其妙的茫然感，就像一个人千辛万苦地登上高山之巅，面对山峦雾嶂以及脚下的万丈深渊，油然而生的焦虑与恐惧，一种高处不胜寒的感觉始终萦绕不去，甚至产生"人生不过如此"的悲观情绪，看破红尘。乔布斯临终前感叹："我生前赢得的财富我都无法带走，能带走的只有记忆中沉淀下来的纯真的感动以及和物质无关的爱和情感，它们无法否认也不会自己消失，它们才是人生真正的财富。"如果让死亡来重新评估成功的价值，也许我们会真正意识到成功的价值所在。许多成功者之所以会产生这种茫然的情绪，我认为是没有处理好神化—圣化—文化之间的关系。神化、圣化、文化之间的变化规律，是后成功时代必须思考的问题。

这里的三者是紧密关联的。文化是神化、圣化的催化剂，圣化和文化是神化的基础，没有文化和圣化的过程，就没有神化。

（第9个三角形）

  我们都想着成功，这是每个人都想得到的东西。但是，我们成功之后又能怎么样呢？成功的人往往会感到空虚、孤独、无聊、焦虑……并没有感觉像生活在天堂当中。并不是说成功的人的生命在走下坡路了，事实上，这是生命在进一步前进了。这是一个自我价值实现的过程。心理学大师马斯洛将人的需要分为五个层次：①性、饮食等生理的需要，②安全的需要，③归属的需要，④尊重的需要，⑤自我实现的需要。①

  大多数成功人士前四层需要得到了满足，这四层的内容很难让他们的自我价值再进一步满足，这是他们"空虚、孤独、无聊和焦虑"的最重要原因，因为"想得到的都得到了"。接下来，他们应向自我实现、超越自我的层次发展，那是解决成功人士的后成功时代人生困惑的唯一良方。

  但是，在迈向自我实现之路时，成功人士面临着一个巨大的断裂：要走向成功，他们掌握的人生规则———如权力、控制与征服等是外在的；要走向自我实现之路，他们必须掌握内在的规则。然而，因为外在方面太成功了，成功人士经常忽略内在规则的重要性。我们容易以为，自己既然已经站到社会的巅峰，我们掌握的人生规则就是最正确的，甚至是唯一有效的钥匙。

  这就是商业成功人士产生"我要那么多钱干什么"的真正困惑的思想本质。成功人士后成功时代（没有目标的成功）自我价值实现之路就是有坚定的理想信仰，分享拥有，以思想影响力和人格魅力倡导超越世俗的文化生活与人生。

---

 ① 本节"文化"、"知识"、"经验"、"技术"释义参考"百度词条"。

怎么处理后成功时代的这个断裂，是成功人士走向自我实现之路的关键问题。

后成功时代的人生成功标志应该是神化、圣化、文化三者互为作用、互为支撑、互为转化、互为影响的高度结合体，是立言、立业、立德三者高度的结合体。神化带来威慑力，至高无上；圣化带来权威力，无比正确；文化带来影响力，魅力四射。今日成功只是总结了过去，人生是算总账的，因此后成功时代更为艰难，因为人的生命质量是由后人来评价的，后成功时代的终极目标和欲望不是简单的生活享受，不是权力的膨胀，更不是财富的增长速度，而是有限生命被无限传承和发扬。成功生命的本质是即使生命物质最终会变成黄土，但这堆黄土也要对后人的庄稼产生肥沃力。

第三节　人文的三角形态解读

一、文化的含义

文化是一个非常广泛的概念，给它下一个严格和精确的定义是一件非常困难的事情。在我的理解中，文化的含义包含了知识的、经验的、技术的、物质的、非物质的。

你要想掌握文化，做一个有文化的人，就先要积累知识，科学地整合你的知识结构。除此之外，还需要积累经历中的经验，理性地把经验上升到实用阶段，然后通过技术手段去实现知识与经验的价值。因此，我认为，所谓文化，是人把学习所取得的知识以及在劳作过程中积累的经验，通过技术手段去改变世界的活动，是人们运用使用知识、经验、技术的综合能力的表现。我们从下面的三角形中能够寻找到知识—经验—技术之间的关联。

（第10个三角形）

首先，经验和技术是知识的基础，知识是经验和技术的具体称谓和表现形式，三者是相互作用与反作用的关系。技术越精湛，经验越丰富，知识含量就越高；反之亦然。

知识，是指人们对某个事物的熟悉程度。它可能包括事实、信息、描述或在教育和实践中获得的技能。它可能是关于理论的，也可能是关于实践的。但它一定是被验证过的、正确的,而且被人们相信的。

经验,是从多次实践中得到的知识或技能。经验是在社会实践中产生的,是客观事物在人们头脑中的反映,是认识的开端。但经验需要上升到理论、形成文化还有很长的路要走。在日常生活中,经验亦指对感性的亲身经历所进行的概括总结,或指直接接触客观事物的过程。

不论何种文化,技术都是异曲同工的词汇。技是技巧,术是方法。技术的目的在于提高劳动工具的效率性、目的性与持久性。

对于技术,也可理解为是人在改造自然、改造社会以及改造自我的过程中所用到的手段、方法的总和。其可包括物体形态、智能形态和社会形态三个方面。

技术是劳动工具的延伸与扩展,是一种特殊的劳动工具。知识、经验、技术都属于文化的范畴。[①]

综上所述,知识、经验、技术的文化成分越高,就越有价值。眷恋文化,让文化成为身份的一份固定标签,人就不会变得卑微、渺小和狂妄自大,而会变得更加有创造力。

二、敬畏之心

没有敬畏之心,没有感恩之心,就永远也没有服从,没有执行。敬畏,一个似乎离我们越来越远的词语,与它同步离去的,也有着无数珍稀的物种、无辜的生命、美丽平和的自然,以及被我们忽略的法律、垂垂老去的前辈。所谓"2012"末日论,让人们开始深思,重新检视自身,重拾敬畏之心。

因为尊重而产生畏惧情绪,这种情绪起码承载了两方面的能量信息,一是先有敬,而后生畏,可以说是一种能量转化的结果。二是"敬"与"畏"之间的互为存在的关系,这种关系必定建立在相通或者相同的价值观之上。如果说对一个人尊重有个限度的话,"畏"就是一个度的问题。"畏则不敢肆而德以成,无畏则从其所欲而及于祸。"敬畏是修身养德的基础,有所畏才有所为,克己修身,远避灾祸。孔子说:"君子有三畏:

---

① 本节"文化"、"知识"、"经验"、"技术"释义参考"百度词条"。

畏天命、畏大人、畏圣人之言。"(《论语·季氏》)"三畏"是君子德行的准则。我认为敬畏是一个人对生命、自然、权威的一种认识态度，是一个人的灵魂对正能量的回应，有了敬畏，我们才能对自然界神圣的秩序静默惊讶和对它的诗意衷心赞美！

（第11个三角形）

生命，是一切的基础，对生命的敬畏，是最基本的原则。生命存在的实质意义，就是得到应有的尊重与敬畏，当生命被欣赏、肯定、热爱和呵护时，它会闪耀出太阳般的光彩，万事万物的欣欣向荣，由此而来。正是因为得到了敬畏，人们才会期盼每一个辉煌灿烂的明天，期待朝阳，慨叹落日；正是因为敬畏了其他生命，社会才能和谐乐美，个体与企业因为这些相互敬畏的生命的凝聚，而拥有了更加辉煌的未来。

自然，是生命的本源、世界的法则。自然是我们的母亲，是人类赖以生存和发展的根源。大自然或许不会与我们直接对话，然而，当我们欣赏美景时，自然送以和煦的清风；当我们破坏环境、屠杀动物时，泥石流、禽流感、食品安全等灾害以前所未有的规模呼啸而来；当人们面对自然的惩罚时，甚至没有丝毫挣扎的力气。不要忽视大自然，奖励和惩罚是互动相连的，善待自然，就是善待人类自己。企业作为人类的聚合体，对环境的影响非常大，重视自然，刻不容缓。

权威，是启蒙我们的师长、前辈、领导，还有我们必须敬畏的法律和科学。如果连这些也没有得到应有的敬畏，这个世界将会混乱不堪，个体的安全和自由也得不到保障，贪婪、自私和残忍将会使整个社会变得黑暗，家不成家，国不为国。企业是父母、师长后的第三任老师，必须以实际行动教会员工们敬畏。只有生命、自然和权威得到了应有的敬畏，才谈得上发展,才能够考虑管理和经营。敬畏之心,人间常在,和谐便会如花绽放,春色满园。

对生命、自然规律、权威的理解和形成自己的意念则是自身的价值观。

共同的价值观是组织纪律制定和执行的前提和基础。组织纪律形成由有共同价值观的人去执行和实践则形成了组织力量。这种力量无穷的体现使组织目标得以实现。

三、学习作为一种权利

获得他人的尊重,是人与生俱来的期望。我在前面提到知识能够改变人的社会角色,要想拥有一个被尊重的社会角色,就必须掌握知识;而知识只有通过学习来获取。因此,可以这样说:学习是获得被尊重的一种权利。

学习作为一种获取被尊重的权利,这是对学习本身的认识问题。庄子有一句格言:"判天地之美,析万物之理。"试想,不通过学习,你如何才能做得到呢?人生最幸运的事是遇到学习的机会、听讲座、参加培训班等。运用好这个权利,才有可能在一个被尊重的环境里得到你应该得到的东西。

(第12个三角形)

学习是个人成长中获取被尊重的一种权利。科学技术的发展促进了生产工具的发展。如何提升使用生产工具的能力,从而创造更多的价值,是企业开展员工培训的根本出发点。正确理解与接受学习,是事业成功的关键。那么，该如何正确理解学习呢？

学习是个人成长意愿下的现象，因此，学习必须也应该是一个自愿自觉的行为，所谓"没有勉强的幸福"也是这个道理。每个人都需要成长，每个人都时刻在鞭策自己，要走向独立与强大。个人成长只有在自愿自觉的幸福行为中，才能最终实现事业的成功。

学习让个人获得知识的增长和技能的提升，增进了员工对于外在世界及自我的了解，提高了员工改变世界和自身处境的能力，为员工的成长和被尊重积累了必不可少的素养准备。

学习是接受尊重的重要手段和过程。接受尊重的基础就是我们获取了他人所没有的知识与技能。因此，要想在你的工作环境社会活动里获取尊重，就通过学习去进行一场革命，去不断实现不可能的事，去创造不可能的价值。

学习是每一个人应有的一种权利。学习是丰富我们生活工作之中的时间，提升创造力的表现，通过学习，提升正能量，用科学方法降低劳动强度。这是一项权利，你个人自身价值提高了，才有权利去要求社会角色的转变。

四、学习力

学习力是一种包括了自我意愿及能力与外在力量结合而形成的综合能力。学习意愿是主观能动性的一种意志体现，它是学习动力的主要构成因素。学习是一种清苦的选择，它所浸润出的甘甜往往在清苦之后，能够在清苦枯燥的状态中坚持下来的，是对自己未来的坚信和忠诚。学习与未来之间颇像自行车的前轮和后轮的关系，两个轮子缺一不可，否则，人生就会停止不动了。学习是一个知识搬运工的艰苦工作，是把他人的财宝合情合理合法地搬运回自己家的过程。知道这个道理，我们就会产生学习的动力，并且知道如何与导师和教练相处了。

学习是一项施与受的双向互动活动。学习能否成功，首先自己务必要端正学习动机，就是学员本身作为受教育的一方需要有一个自觉学习的意愿。只有当自己有学习意愿的时候，施教者的劳动才不会像对牛弹琴，所有学员的培训资源才不会被白白浪费掉。那么，学员学习最直接的动机是

（第13个三角形）

因掌握知识而可解决实际问题与矛盾并从中获利。不管你有着怎样的动机，将其转化为学习动力就是王道。

　　学习能否成功，其次要依靠于施教者（包括导师、教练等）。导师，往往能为我们指路导航，你在特定的单位组织里的上司很有可能担任着你的导师；教练，是你在公司、企业里带你的师傅等前辈，他们就是帮助你提高工作能力的人。虚心向导师、教练学习，在事业发展的道路上才可能相对顺畅。

　　我们应该值得珍惜的几种人：

　　一是启蒙者。将自己从无知状态引到已知状态的人，即是你的启蒙者。比如，告诉你进入某个你从没接触过的行业的人。

　　二是导师。将自己从迷茫、不清晰的状态中引领到明确行为方向的人，即是你的导师。比如，为你指路的人。

　　三是教练。对自己在正确的方向前进中授予方法和技巧的人，即是你的教练。比如，教你用筷子吃饭的妈妈。

　　学习能否成功，归根结底还在于自身的吸收能力，即学以致用的程度。如果学员接受了纯粹的理论知识，却没有去加以运用或者利用知识去创造价值，那么这样的学习也是失败的、不可取的。个人的思维理解能力需要紧跟单位组织发展的步伐，运用知识解决实际问题的能力也需要一步步夯实。

　　学习意愿和运用知识的能力、导师、教练共同影响着学员的学习力以及学习动力。

五、学习的方法

什么才是正确的学习方法？一个好的学习方法可以取得事半功倍的效果，让时间和空间发挥其最大效用，就要正确处理信息—人群—时间和空间的关系。选择正确的课题十分重要，如果课题能够符合自己的兴趣和爱好，那无疑会激发学习的激情和动力。这种激情和动力会通过学习氛围来传递给人群。有了一个良好的学习氛围，有了一个符合自己发展需要以及自己感兴趣的学习内容，在正确的时间和空间中，学习才会取得最佳效果。

（第 14 个三角形）

当然，不同的科目、不同的内容，其学习方法就不可能完全相同。比如，你学数学的话，按照学语文的那套记、背的方法是肯定行不通的。我们今天讨论这个学习的方法，是从广义的角度来进行分析的，目的是想通过这样的分析，进而让大家掌握什么才是正确的学习方法所具备的基本要素。

第一，正确的人群。一帮都喜欢学习、有正能量的朋友，在一起读书，在一起交流工作心得体会，一起提出问题、解决问题，无疑会使得学习的效率得到大幅度的提升。孟母三迁的故事想必大家耳熟能详，故事本身告诉我们，选择一个正确的环境，一帮正确的合适的人群，对一个人的学习与成长将会起到非常重要的作用。

第二，正确的时间和空间。人的精力及记忆力是有阶段性的强弱的，科学研究早已证明，每天早晨 6～8 点、上午 10～11 点、下午 15～16 点、晚上 20～21 点，是人的记忆力最强的时间段，在此时间进行学习，无疑会起到事半功倍的效果。我们要学会充分利用"夜晚的创造力"。同样，空间的选择也是非常重要的，一个嘈杂、混沌的场所用来娱乐肯定比用来学习更加靠谱。淡泊以明志，宁静以致远，只有在一个静谧的空间或场所，才能让人静下心来，进行学习，汲取知识的营养。

第三，正确的信息。对于学习来说，如何在众多的学习课题中选择适合自己的内容，也是非常重要的。古人说："多学者博，善学者智。"在选择学习内容时，我们一定要摒弃那些虚夸的、浅浮的内容，要厘清哪些才是正确的信息，哪些才是对我们有益的信息。否则，重复性的学习、无用知识的学习都是浪费时间和精力。

正确的学习方法，其基本的概念包括了正确的人群、正确的时间与空间以及正确的信息。这三个方面是息息相关、缺一不可的，少了其中的一环就会达不到想要的学习效果。

六、阅读中的看图摸索

这仍然是一个学习方法的问题，阅读是打开文本的一把钥匙，是阅读者走进文本世界的必要条件。当然了，阅读作为理解或者获取知识的方法，是有科学性的，一个科学的阅读方法，往往会产生事半功倍的效果。

阅读是通过视觉神经来获取知识的过程。那么，加强视觉冲击力最有效的方式就是"图"在大脑中形成的影像。"图"经过"看"，大脑得到具象指示，经过对具象的摸索，印象就会进一步加深，所学的知识就会巩固下来。因而，看图摸索中的三者关系是相互链接的，链接的越紧密，效果就越突出。

（第15个三角形）

在日常生活中，很多人认为最佳的阅读方式是：先看一段文字，再看看相应的图片，之后开始进行自由的想象，以此可以更好地摸索出文章的意境。这也是一个非常好的阅读技巧。这种看图摸索的方法可以加深对文章的印象。

这种方法的流程是这样的：首先粗略地进行阅读，不看对应的图片，让其揣摩和想象文章中的人物形象，并想象一张图片来描绘它，之后再对照原图。当我们用这种方法来阅读的时候，我们发现自己可以从文章中获取更多的信息，看图摸索，想象文章中人物的表情和姿态，还可以更好地帮助我们理解文章。在这个阅读过程中，看与摸索这两者结合在一起，可以充分地调动起我们的阅读神经。当文章的阅读量越大，那种需要想象的空间的需求就显得越迫切，当用看图摸索的方法时，那种故事情节发展的可能性也越多，可以极大地促进我们的阅读思维。

举个例子，当你读着《西游记》的时候，那种巨大的阅读量肯定是让很多年轻读者丈二和尚摸不着头脑的，特别是一连串的故事情节夹杂在一起的时候，一边是文字的累加，另一边是情节的重叠。但是当你进行看图摸索的时候，将一段文字读下来，那阅读体验是不一样的，我们的阅读效果也变得非常好，接收信息的能力也变得强大起来。

但是，阅读的心态也是占据阅读能力很重要的一个部分，一种主动积极的求知欲，才能更好地进行阅读。

七、知识分子的角色

知识分子是一个群体的代名词，是通过学习积累了经验、掌握了技术的群体。这个群体担负着创造者—传播者—使用者三种不同角色。我们仔细研究三者之间的关系，就会发现，三者之间的转换过程，都是积累知识的过程，那么我们就有理由认为一个人正是在三种角色不断转换中成为知识分子的。知识分子掌握的知识首先是自己使用，然后是去传播知识，继而创造出新的知识。否则，停留在掌握但不传播、不创造的状态下，则知识的力量是有限的。

这里所说的"知识分子"并没有阶级的概念，是传播和学习人类知识的人，并且在知识领域的不同阶段中扮演着不同的角色。知识分子是创

(第 16 个三角形)

造者,是传播者,也是使用者。

(1) 知识分子是创造者。如若没有知识的创造者,传播者和使用者也就难为无米之炊了。没有知识,谈何传播,谈何使用。无论在工作中还是生活中,我们都要成为创造知识的人,这样的知识不是指像伟人那样在空白领域创造出一个新的知识,因为这毕竟是很难的;而是创造出有价值的理念和一些有利于社会发展的新思想。创造者是知识分子扮演的一个重要角色,所以我们不仅要求自己朝着这个方向前进,也要督促和鼓励身边的人成为知识的创造者。

(2) 知识分子是传播者。要让一件事情变得众所周知或者让一种理念发扬光大,重要的是要有宣传的力量,这就要借助传播者。创造者创造出来的知识需要传播者的宣传才能使其为众人所知,扩大使用者人数,超越地域、时间、空间范围。传播的过程不仅仅是口传相授,也是在实践过程中的一种经验的传递。

(3) 知识分子是使用者。每一个人都可以是知识的使用者,而不代表每一个人都能成为知识的创造者,所以使用者较为普遍存在,是范围最广,也是人数最多的。而使用者的作用也是不可小觑的,试想如果没有知识的使用者,知识创造就没有了目的,也没有了动力。同时,作为知识的使用者,我们要还学会正确的选择知识。

知识通过使用、传播、创造的周而复始的循环和闭合,因此所得到的知识或掌握知识的人才有可能创造出力量,知识分子的使命不是简单地掌握知识而是传播和创造知识。

本章小结

在人文自然社会形态中，还有许许多多的三角形现象，这里所列举的人和自然社会的三角形态，仅仅是我发现的其中一小部分。我们在这些三角形结构中，能够感受其中心源与三个基本点之间的联系，以及相互转化的规律。我努力地从中挖掘带有哲理性的东西，再从这些东西的哲理性上去验证我们日常生活中的琐事。有些东西必须身临其境才能获得感受，就像去看黑夜与黎明的交替，你必须要凌晨三四点钟起床一样，贵在践行。当然了，还有更新自我意识，正如古希腊哲学家赫拉克利特所说："我们走下而又不走下同一条河，我们存在而又不存在。"许多时候，我的努力和兴趣就是想验证我的今天与昨天到底有哪些不一样。

第二章 人生际遇的三角形态

人是群居的动物。当身处人声鼎沸之中，面对生的喧阗、灵的呼喊、死的嗷嘈，我们往往心烦意乱。可是孑然一身独处时，独对孤灯四壁，对影成双，我们往往又孤寂颓伤。富甲一方、衣食无忧时，常叹时光如梭、人生苦短；穷困潦倒、食不果腹时，顿感岁月维艰、苦旅漫长。的确，人就是这样的一个群体，相由心生，心随境迁。如果我们非要给生存找一个理由的话，我想应该是：愿望！

无疑，愿望是领跑人生的原动力。愿望包含了理想的期许、梦想的冲动、幻想的浪漫。愿望既有理想清晰的纹理，又有梦想模糊的轻松。愿望中既有幻想的无边无际，又有人生苦旅沿途丢下的自己的血和肉、汗水和泪水。可以说，失去梦想，形同死亡，而你用什么样的愿望来满足你自己，你就是什么样的人。

　　我们身处一个危机四伏的时代和生存环境之中。蜗居子宫的时候，危机就已陪伴左右了。也许母亲一次对药品的错误认识以及对农药残留食物的漠视，都可能刷新我们的生命，改写我们的人生，甚至扭曲我们的样子。危机处于胎性状态时已为人所感知，以至于每个人的降生都是以大哭来开启生命之旅的。这是因为脱离胎性的那一瞬间，人就感知到了生的危机，哭是因为惧怕。危机是一种感觉，是与生俱来的一份礼物，由此，我们踏上了危机四伏的人生旅途。危机源于方向的迷茫，源于安全的缺失，源于我们的灵魂无处安放。然而危机虽然不可消溶却可稀释，学会沟通，正确处理人际关系，找准人生方向，才能化解危险。把人生中危机与危险的含量稀释到可以忽略不计的比例，人生才会成为辉煌诗笺上的一阕词。

第一节　群体的三角形态管窥

一、群体关系的类型

人类是一个群居的群体，中国人的群体意识尤其强烈。群体意识不是简单的人与人之间抱团的意思，而是人自我产生的一种彼此之间相互依赖的情愫。它是情感因子的生命体现，凡是有情感的动物，都会有群体现象。人是情感动物，并且人的情感丰富于其他动物种类，因而，人的群体意识更强于其他情感动物。人类需要群体来寄托情感，需要群体来发泄情感，需要群体来寻求思想的共鸣，需要群体来排解忧闷、解脱孤独。群体是人类精神的需要，一个人多拥有一个群体，就多一份快乐，就多一份成就。尤其是一个高品质的群体，往往会成为一个人的精神家园，在这个群体里多呆一天，就会少一分鄙陋，这个群体就成了寄放灵魂的地方。

（第 17 个三角形）

我们每一个人就是一个单独的个体，在社会发展过程中，单独的个体进行社会活动产生社会关系，这就是人的群体关系。人与社会是相互依存的，在各种社会关系中，各种关系的表现形式是不同的。不同群体形态决定了不同的社会关系，比如，同学、战友。如果细分，主要有情感群体、生理群体以及道理群体。这几个群体是我们在社会实践中的重要组成部分。

第一种关系是生理群体，彼此无知无觉，为路人甲、路人乙，也就是所谓的群众，只是生命的过客。生理群体也是三大群体中人数最多的，是我们在人生道路中最频繁看到，但是也是情感和道理最淡漠的一个群体。

第二种关系是道理群体，主要通过道理来发展与维系双方的关系。第一层叫"听众"，彼此听得见彼此说话，但没反应；第二层叫"知音"，彼此听得明白说什么；第三层叫"知己"，彼此听得明白意思并可以互动；第四层叫"死党"，彼此默契有共鸣有共同理想并且目标一致，彼此一起为之奋斗。

第三种关系是情感群体，通过情感或血缘来维系。第一层叫"情人"，彼此思想有共鸣，目标方向一致并愿意牺牲局部利益成就对方。第二层叫"友人"，因某种机缘巧合而在一起，比如学友、战友，或者在一起的时间比较长的工作小组，等等。第三层叫"亲人"，彼此没有道理没有条件，由于血缘、族缘而在一起。

人的群体关系能够反映出一个人的社会角色、社会地位以及人格状态，比如从你的通讯录上，就可以看出与你有关的群体的整个状态。例如：同学、朋友、客户、酒店服务、家人、同事……学会经营群体关系，让思想融入群体，使得心灵不再有束缚，只有这样，骨感的现实才会变得丰满起来。

生理、道理、情感都高度集中和彼此感受。则三者所产生的力量就是和谐的统一体和结合体，身体上互相照顾，思想上互相响应，情感上互相交流，是人生最渴望的追求。

二、同路人

我们从来都不是一个人在路上。在人生旅途中，从来不乏与你一起赶路的人，但是往往缺少为你带路的人和为你指路的人。每个人都会有为生存而困惑的时候，每个人都有踏上理想之路时的忐忑不安，每个人都会有每至途穷而恸哭的时候。每每遇到这种茫无头绪的境况，相信每个人最大的期冀就是能遇上一个满肚子热心肠的人，为你指路，为你带路，为你化解心结，这是多么幸运的事。因此，一段平坦的人生路途必然由三种人组成，也许你就是其中的一个角色。

我们身边生活着三种人：第一种人是天生就是指路人；第二种是只知

（第 18 个三角形）

道一起赶路的问路人；第三种是本身看似没动静但其知道哪条路适合谁去走，并时常回头用注视的眼神关注他人，用自己的思想和行为带领着大家一起赶路的带路人。

无论你属于哪一种人，你都不应该忘记其他两种人，因为，你的人生路途一定离不开他们。

第一种是富有远见的指路人，与生俱来就能瞄准路，为人指路的人。在企业，他们就相当于团队中的优秀管理者，因为拥有丰富的管理经验，所经历过的成功，或者失败的案例较多，一般在分配一项工作任务时，往往会先提醒执行者，该如何把握大的方向，避免走冤枉路，用自己的所见所闻所感教导执行者，走上正确之路。

第二种是我们经常会接触到的问路人，或许自己就是其中一员，一心只做自己事情的人。在企业里，通常指的是执行事务的人，接到领导派发的任务，一般只会埋头苦干，执行任务时不会多想方向是否正确，凭借自己的经验和技术，顺着上司指导的方向、方法努力完成任务。

第三种是虽然没有任何的行为举动，但却真正知道哪条路适合哪些人走，并时常将他人引入自己阵营里，带领大家一起赶路的带路人。在企业里，这种人是领导者。通过个人的高瞻远见、个人魅力、思想体系行为、行动原则去影响别人，吸引财富。社会需要这种人，而又被特定的精英阶层排挤，却为群众和中层阶层所喜欢。

实际上他们三者之间有着微妙的关联。现实问题是有众多指路人，可就是没人愿意与其相随，而又有不少的赶路人参与进来。由于在赶路过程里他们会时常停下脚步，为其他人指引，结果赶路人都热衷于做善良的指路人，当每个人都觉得所走的路似乎出了问题，而且不是很稳固，时常会被他人所影响,这时候大家都想起带路人的存在意义。

　　在现实社会工作、生活中,猫很少去接受那些仍饿着肚皮的猫的意见,因为猫只被老鼠的召唤,因为饿肚皮的猫根本就不知道老鼠在哪里。对问路的猫而言,饿着肚皮的猫根本就不是很好的指路人、带路人,老鼠在哪里,哪里就就目标方向。人生路途是一本哲理书,我们都无法超然物外,那么还是停下来,静静地听有经验有责任心善良的指路人的指引,跟在带路人的后面,当你的目光越过带路人的肩,望见远方的希望,你一定会不由自主地加快你的脚步。

三、家庭关系

　　对于一个家庭来说,健康、和谐、融洽的家庭关系是孩子身心健康发展的必要条件。只有这样的家庭,孩子才能从中获得快乐,从而健康成长,以积极乐观的心态面对社会纷繁的变化,最后有所成就;同时父母在整个过程中收获欣喜和满足,这样的家庭才会和谐共处,向健康积极的方向发展。那么,为了达到这样的家庭标准和营造亲子和睦的家庭氛围,家长和孩子要从哪些方面开始做起呢?

(第19个三角形)

　　众所周知,父母是孩子的启蒙老师。我们常说"学为人师",父母拿什么"学"给孩子启蒙,给孩子当老师呢?随着孩子年龄的增长,随着现代社会的飞速发展,父母没有掌握的知识,孩子掌握了,父母不了解的知识孩子了解得非常透彻,因此在现在的父母与孩子的家庭角色当中,父母要一改传统的思想,做一个善于学习的人,做一个终身学习的人,父母不应该以教育者自居而应该提倡自我教育和自我学习，在这样的家庭氛围中，父母的水平提高了，孩子接受教育自然成为了水到渠成的事情。只有这样的家庭，成员之间才能共同进步。

父和母的和睦在家庭稳固和谐中起到至关重要的作用，父主外、母主内是中国传统家庭文化的重要组成部分。假设父、母都主外，没有一方愿意主内，则家庭的和睦或家庭教育一定会有缺失；又假设父和母不能常常换位思考，不能尽心尽责去支持帮助另一方，则家庭就会产生矛盾，父和母之间的感情就会破裂，甚至会离婚。

父和母的分工不是一成不变的，是互相协助，互相帮助才能令家庭持续幸福。

一个家庭和谐与否与家庭中父亲、母亲、孩子三者的关系息息相关，就像三角形的三个顶点，每个顶点准确的定位，才能共同构建起一个稳定和谐的家庭。

父、母和孩子是人类关系中最基本和最亲昵的人际关系，这种关系可以让我们引申到自然界以及社会管理中。例如，海鸥是最爱孩子的，但他们不溺爱小孩。当小海鸥成长需要学习飞翔时，海鸥夫妻就会用嘴叼着小海鸥把它投放到一个荒岛上，海鸥爸妈不停地绕着荒岛飞翔盘旋，发出小海鸥熟悉的声音，小海鸥听到爸妈熟悉的声音，看到爸妈熟悉的身影，就会无比兴奋且不停地拍打自己的翅膀，其实这是小海鸥在学习生存本领——飞翔。为了鼓励小海鸥飞翔，激起小海鸥寻找食物的动力，海鸥爸妈偶尔会投放一点点食物在岛上，但就是不飞下来回到小海鸥身边，不让小海鸥过分依赖爸妈，日复一日，勤快的小海鸥学会了飞翔，懒惰的小海鸥就饿死了。海鸥爸妈知道，小海鸥不能学会飞翔就会失去生存的基本本领，不能飞翔的海鸥就等于生命的终结，所以不是海鸥爸妈狠心，而是海鸥爸妈真正对小海鸥负责任。

在企业中，上级对部下的培养，与海鸥的大爱道理是一样的。

父母为什么对子女有期望，甚至希望孩子去完成父母未完成的愿望，不是干涉孩子的理想自由，而是想传授自己的失败教训、成功心得给孩子。父母没有机会再重新复制自己，也不希望孩子再犯自己曾经犯过的愚蠢甚至不可饶恕的错误。

在企业中，有经验的上司对下级员工也往往是如此。

第二节　人生的三角形态管窥

一、愿望

愿望是一个人在特定环境中产生的对未来的意愿，是检视生命目标的心理活动。愿望没有贵贱之分，只有现实和不现实。愿望是生命的目标，最不幸的人，是遗失生命目标的人。有一次，我在去澳门的珠海拱北关口，看到一个乞丐在那里不停地对那些奔赴赌场人说好话："恭喜发财啊！"他真实的目标是期望得到施舍，他还想活着，因为他还没有遗失生命的目标，他的愿望并没有泯灭，所以他并不算是最不幸的人，比起那些怀揣着一夜暴富愿望的赌客，他更幸运，他是赢家，因为他选择了一个稳赚不输的赌局。

（第20个三角形）

愿望的动能来源于理想、梦想和幻想。汉字的内涵是相互交叠的，比如说有了幻想才能产生梦想，日有所思夜有所梦，就是这个道理。有了梦想才会铸就理想，理想超越了梦想，是梦想的升华，是梦想清晰之后具体的样子。也就是说人没有幻想是不行的，没有幻想等于缺失激情，但是一味地幻想，不让幻想走近现实，幻想就必定成了空想。这样说来，幻想产生激情，梦想把激情编织成一个模糊的形态，而理想把这个模糊形态由具体变得清晰，清晰到有型，有厚度，有一定计划以及谋算。理想是一块基石，只要你能站在上面，你的人生无疑上升了一个高度。

是的，每个人曾经都有过很多梦。

对于人生来说，由于自我深刻地认识到能力不足，没有足够可支撑的人力、社会等资源去实现的计划目标就叫梦想；梦想只是比睡觉做梦多了一点社会现实意味。

理想是理性的思考，梦想是浪漫的情思。有理想并为之奋斗的人一定是坚强的人，有梦想并陶醉其中的人一定是浪漫的人。

梦想当初看上去很美丽，如果不把它变成理想，最终就会意识到这种电视上看来的风光只是表面的繁华，年少时轻狂地以为自己这一生必定是才高八斗、学富五车，不屑于所有的劝告和妥协，到了最终才知真正的成功之路是一步步走出来的。

因此，经过一番艰辛努力付出、通过合适的条件才可实现的想法或目标才能称之为理想。心中似有方向但没有具体的目标更没有可借助的力量资源来实现的想法只能称之为梦想。

只有梦想具备了理想的意义，坚信自己的能力，坚定地付诸行动，以坚韧不拔的信念去实现的自我目标才叫理想。比如18年前我的理想是当作家，经过18年的艰苦努力和付出，我今天实现了这个理想。

理想是清晰的、是具体的；它不是抽象的，更不是形象的。但对于有理想的人来说，理想可以写在天空中，也可描绘在土地上的，它也许是常人无法认识的图腾。只有拥有者才能识别它的信念。

理想是一种不会磨灭的精神，是意义哲学，是人格力量，是灵魂的光芒！因此有些人看似经常做出让步、妥协，甚至于被周围的人不能理解，但却依然可以气定神闲、泰然若素地坚持做事。

理想是沉重的，因其实现过程需要付出不为常人所道的艰辛，然而这种沉重常常会激发出人的最大能量，成就一个人的光辉前程。

梦想是轻松的，然而这种轻松往往只能短期内消解人们心中的重负，得到欢愉，却难以成全人生。如果把梦想当做理想，最终只能让抱住其不放的人赤条条来去无收获。

理想主义者往往是不知道人的本能对理想的限制，自然也就不知道为了实现理想必须要突破这些限制。从本质上来说，所有伟大的理想主义者都是杰出的践行者。常常将理想挂于嘴边，哀叹"理想很丰满，现实骨感"是潜意识怯懦脆弱不坚定的表现,这样的"理想",是值得怀疑的。不知道理想为何物却以为认识理想,是对理想的误解!

理想的主线,是以践行开始并一直贯穿到底,因其历程清晰、目标精准,便有无限的生命力和充足的追求动力。如果提供足够的平台和掌声,梦想也可以变成现实。

理想是梦想的升华,梦想重在实现,理想重在践行。虽然没有褒贬之分,但相比之下,理想更加需要勇气,更加需要坚持,更加拥有尊严。梦想有时候可以放弃,无论出于各种动机,理想却不能放弃,失去理想,形同死亡。

理想前行的力量不是来自某个阶段,而是源于整个人生,在当下奋发,为迎接每个新的时刻而不停止去探索,去践行。

梦想与理想的相通点都在于意义美好,但这并不是殊途同归。梦想在于完成,理想在于完整;梦想依赖阶段,理想则可以成全人生,依附整个过程之上;梦想是为到达预期的美好,而理想是为了追求一种"成全"。有些梦想,在遭受现实的摧残打击时,可以屈服,自我毁灭,或自我安慰。但理想者倘若遭遇此际,则必然临阵而战,不屈不挠。

在你无怨无悔的实现过程当中,理想会带给你前所未有的力量,只要你坚持到底,理想就会成全你的人生。实现理想并不是总是要强调自己要得到什么,而是去做了什么。理想能实现的关键是因为行动,要活在现实中,而不是沉湎于一种意识里。

二、危 机

危机总是在一个猝不及防的时间内突然造访。但是,危机的形成却总是经过一个演变过程,这就给了规避危机和化解危机一个未雨绸缪的机会。我在这里把危机的成因归结为"安全—方向—归宿"三个节点,我们会从三个节点之间的变化,来找出规避危机、化解危机的办法。

正确认识危机,才能化解危机。危机感是一种力量,它能让人产生紧迫感和忧患意识,这些都是正能量。

危机是一种忧患意识的感受,是人对未来的归宿、未来的方向、未来的安全感觉迷茫而生的一种恐惧情绪。归宿、方向、安全三要素之间存在

（第21个三角形）

着内在的必然联系，方向与安全是归宿的基础，方向正确往往会获得安全的保障，而具备了正确的方向和安全的保障，才会有归宿感。

古人教诲：生于忧患，死于安乐。每个人都会对危机有着敏锐的触觉，但也不应该过于敏感，整天提心吊胆地过日子反而就会杞人忧天了。人类之所以会有危机感，实质上都是对于未来的恐惧，对于未来的归宿、未来的方向、未来的安全缺失的恐惧。

归宿，可以理解为一个人对于当前所处环境的归属意向。人，无论如何漂泊不定，终归要尘埃落定。所有人都会有一种安身立命的观念，除了那些玩世不恭、消极厌世者。因此，我们每个人每时每刻都在寻求着属于个人的身体与心灵的归宿。没有归宿感就会产生危机感，归宿是一种信念。

方向，就是人生前行的方位，人生的志趣与方向是我们的指路明灯。人一旦有了方向，全世界都会为你让路。可见，选择一个适合自己发展的方向决定了一个人的一生。可惜，很少有人可以很幸运地确立自己的人生志趣与方向。虽然很多人坚信，路漫漫其修远兮，吾将上下而求索。但是没有确定方向的求索，往往会事倍功半，走上漫漫长路，而错失了正确方位所指引的那条捷径，方向不清就没有归宿感。

安全，其缺失会直接催生危机感。人在自然界面前，对天地万物充满敬畏，人的生命都是脆弱的、不堪一击的。人唯有走向独立与强大，才能确保安全感的存在。安全饱含了立体性的内涵，构成安全的因素十分复杂：财富、暴戾、诚信、疾病、衰老、欲求、成功、奢侈、爱情、青春等。比如，一个人不是拥有财富就安全了，从某种意义上说，反而更不安全了，财富可能就是祸端。所以，安全是一个相对的概念，不在乎你的能力大小，不受时间地域的限制，安全是人的自然需求，只有满足了安全感，人的需求愿望才会迈上另一个台阶。

真正安全的地方是灵魂深处，当你真正淡泊名利，真正能承受生命之重，又能放下生命之轻的时候，你就会有一种安全感。有了明确的方向就会产生安全感，进而转化成为归宿感。

三、工作的混乱三角

有一种现象叫作混乱。这种现象并不鲜见，经常出现在工作之中。混乱常常是因为秩序或者说制度缺失的表现；而秩序或者说制度的缺失往往是缺乏科学合理的安排，缺少长远目标的设计以及对长远目标的短期分解。我这里用三个字概括了这种混乱现象的成因。那就是盲—忙—茫。

三者都是工作混乱现象的成因，"茫"是"盲"的主要因素，"忙"是"盲"的具体体现，"忙"会造成"茫"，"忙"加上"茫"就会形成"盲"的局面，三者互为转化，"盲"是工作混乱的必然结果。

（第22个三角形）

"忙"，忙碌，看似做了很多事情，实则成效低下，忙得不得了却不知自己在忙什么。两个成语概括就是：忙忙碌碌，碌碌无为。英国一项研究发现，城市中成年人的步行速度近十年提高了10%。人们在繁忙、紧张、高速发展的城市中变得越发忙碌，身边无论是朋友还是同事，每天都吵嚷着自己很忙，工作好多，家务好繁琐，其实这些所谓的忙碌不就是一个正常人应有的生活吗？是否忙碌，不在乎工作和家务的量，而在乎自己的效率和心态，成效低下和怨天尤人的人注定忙碌。

"盲"，顾名思义就是看不见，不注意工作内外变化，忽略了彼此之间的了解和沟通，做起事情就像盲人摸象，自以为是。出了问题，互相推诿责任，每个人都觉得是对方的错，都认为自己是受害者，看不见周围的形势，注意不到工作的变化，将自己封闭起来，抑或埋头拉车不看路，呈现一种极度混乱、消极黑暗的状态。

"茫"，即无目标。员工迷失，企业迷失，大家都是浑浑噩噩。形象地说就是"做一天和尚撞一天钟"。一个失败的企业一般来说最大的问题就是企业方向迷失，倘若一个企业没有一个清晰的目标，那么它的员工必然会有这样的状态，造成员工迷失。其实对每个个体来说，"茫"的感觉是周期性出现的，我们经常感觉到迷茫，如果确定不了自己的短期目标和明确的方向，就常常会导致一个可怕的后果，所以定时规划自己的人生、确立长远目标才是避免迷茫的最佳手段。

"忙"、"盲"、"茫"都是工作混乱的现象，是一种混乱的三角关系。当某种危险的形态出现时，就会连锁造成另外两种状态接连发生，从而形成混乱。

◆ 四、行动的条件

心动不如行动。心动往往是行动的引擎，行动才具有真正的价值意义。我们认识新生事物或者接受一件商品，往往是经过他人的引导或者影响，这是"心动"。"心动"之后，我们会用自己所掌握的知识，对事物或者商品进行一番评判和甄别，获得初步印象。权衡利弊得失之后，才会付诸行动。这就是我们常说的影响一个人决策的过程。营销学上叫作影响成交因素，这是一个销售员必须要掌握的基本知识。盲目的行动势必会事倍功半，所以我们要知道行动的条件："引"、"知"、"动"。

所谓"引"，就是引导、指引。要想成功，首先我们必须要知道自己想要在哪方面成功，有目标才有动力。例如，销售人员向你推荐产品引起你的购买欲。

"知"，代表知识、知道、了解。当你有了目标，就直接去行动还不行，只有知己知彼方能百战不殆。例如你要推销一款产品的时候，只有知

（第23个三角形）

道它的相关知识，你才有可能去卖掉它。

"动"，即动力、行动。目标有了，同时你又具备了相关方面的知识，现在就缺少"动"了。一切的凭空想象是无法成功的，就好像打仗，目标是消灭敌人，具备了打仗的知识，就要付诸行动，而不是纸上谈兵。

这里之所以把"引"、"知"、"动"作为行动的条件，是考虑了人与人之间共同的潜质，就像每个人的身上其实都有诗人的素质，头脑里都有点哲学，但是不会每个人都成为诗人或者哲学家。这是因为行动的条件所限，不是因为缺少大智大勇的引导，就是因为欠缺知识的辅行，但是行动必定是成功的起点，行动一小步，成功一大步，只有行动起来，你才会离成功越来越近。

五、舞　台

生命是一台戏，从我们的生命莅临天地之间，我们就是这场戏中的一个角色。我们的一生都在孜孜不倦地寻找合适的舞台，盼望着当灯光像时光一样消失的时候，舞台的追光里表演的是自己，期冀自己能成为舞台的中心人物，期冀自己能成为人生舞台的一代名角，这是美好的愿望。

其实，我们每个人的每一天都在舞台上。当你拿着简历，去招聘会应聘时，那场招聘会就是舞台，你人生的大幕正在像云幔一般开启。当你进入一个团队，你积累的准客户和目标客户的名单就是你的台词，你的表演如果能感动你的客户，那么说明你已经成功一半了。注意你惟妙惟肖的表情，不要带着一丝的虚假，你还要注意道具的作用，注意表达的艺术性，尤其是要入戏，只有入戏，表演才真实感人，让他人落泪或欢笑。

道具是辅助表演的工具，道具会增强表达能力，表演想要表达的含义通过道具的辅助阐释会更加形象、逼真，三者相辅相成，共同铸就了一个完整的舞台形象。

（第 24 个三角形）

心有多大，舞台就有多大，生活就是通过表达和表演来呈现的。人的所有思想、情感、爱和恨、智慧、能力和技巧是有内容和形式的，是可量化的，这种过程中所有的言行活动和行为就叫表达或者表演。人生不在乎你在社会舞台里担当何种角色，重要的是你对每一天在角色岗位上的表达和表演是珍惜的和用心的。只有表达和表演达到极致的生命体，才能取得成功。

当每次都有好的表现时，就形成了习惯，伴随这种习惯的一定将是鲜花和掌声。

学会表达，但表达的更高境界是表演。

光说不做往往难以成功，光做不说肯定也会减少成功的机会，所以人要学会表达。无论是说还是做，要想获得他人的首肯和嘉奖，都需要好的表现。语言是一种表达行为，"做"本身又是一种无声的表达，"做"就是表演。所有思想、情感、爱恨、智慧、能力、技巧都有表达的内容和形式，善用表达和表演的生命体，接近成功的概率就会更大。

人类都会表达，但只有少数人拥有最优秀地展示自己的表达能力；而最接近成功的极少数人则不但善于表达，甚至善于表演。表演是放大自己的优点、屏蔽自己缺点，最后通过感情、娱乐、时尚等获取他人好感的行为。

在人类的表达中，说和做是表达活动最直接、最有效、最快速的表达方式，因此必须要更重视自己的说和做的结合。

说和做只是这些活动的一部分，通过某些道具或背景来让表达和表演更丰富、生动，令表达者或表演者的表现更具体形象和出彩。道具承载着表演者的思想行为，道具让表演者更接近思想愿景中的形象和状态，是辅助物。

六、宽容度

宽容是有限度的，我们应该拥有怎样的宽容度？宽容是自认为正确的一方对错误一方的谅解、理解、包容和接纳。宽容是耐心而毫无偏见地容忍与自己的观点或公认的观点或行为不一致而存在。宽容需要博大的胸怀和气度，宽容是主动沟通的情感表示，宽容是展现健康心态的一种方式，宽容能够体现一个人的崇高境界，宽容是人性的，而忘却是神性的。但是宽容绝不是没有限度的，宽容的限度往往体现一个人对是非的认识程度，考验一个人在原则、道德、法律面前的立场。它受公众情绪、习惯认识的影响，人们习惯性地从动机中去理解一件坏事的错误程度，从而产生宽容和大度。

（第25个三角形）

善人和恶人是从善事和恶事中去判断的，在现实生活中因欲望而犯错的人比因愤怒而犯错的人往往更加让你憎恨和谴责，假设事情的结果都是犯罪，为什么因愤怒而犯罪的人容易被人原谅呢？

先说一个案例：一对夫妇因无法生育而去偷他人的小孩来抚养，结果是因欲望犯错；而被偷小孩的夫妇因一时愤怒把这对偷小孩的夫妇捅了刀子，结果是因愤怒犯错。人们对这两对夫妇的原谅程度是不一样的。但法律审判时对捅刀子的夫妇作出了更为严厉的制裁，人们在情感上原谅了捅刀子的夫妇，但法律上又对偷小孩的夫妻处罚相对而言轻了许多。因法律只关心事情的结果本身及错误程度，而不讲情感。对小孩的抚养和爱是善事，这种善事不被人接受，因为这是因欲望所犯的错误。捅刀子杀人是恶事，但这因愤怒而犯的恶事常能被人理解、谅解。像这类恶事能被人谅解，重要的原因是类似这种恶事时常在自己身上发生，博得了许多"感同身受"的认可，从而容易被理解和谅解。也许你也会说："如果偷我的孩子，我也会杀了他！"这就是"感同身受"所产生的趋同认识。人们往往愿意原谅自己所能感受的，却不愿意原谅自己无法感知。这就形成了为罪恶开脱的理由。

　　人们每一个特定的行为，都会怀着一个明确的动机。这个动机来源于个人对现实的需求，也即是动机源于欲望。那么，一时冲动的行为就不算带动机了？其实不然，冲动鲁莽做出一个非理智行为属于疾风暴雨地执行了自己的非理智欲望，实质上冲动行为很多时候都是人类的愤怒与不满在主宰。动机不良，带来两种后果：错事与坏事。可同样是不符合道德标准的动机，人们对错事与坏事的宽容度却不一样。

　　为什么会这样？其实还是因为人类性格特质里有一个共通点：非人易，责己难。

　　我们先不去探讨人们对于错事与坏事两者截然不同的情感态度对社会关系的发展会产生何种影响。对于"错与坏"宽容度不一的心理，是可以被挖掘出来为各领域所用的。譬如，人们对产品好坏的区别，他们有时候会宽容某些产品的一些无可避免的不足，前提是他很清楚在当前科学技术水平的限制下连他自己也无法完善。情感态度会影响行为，甚至主导行为。

　　人都会为自己所做的错事找到被原谅与开脱的理由，却不会为自己所做的坏事去奢望过多的被宽容。因为我们都知道，因为一己之私侵犯他人的权益是很难引起大家同情的，多数人都学会了自我约束。你没能做到，那么你活该，然后你被伤害者用非理性行为打击报复了，这是你应得到的惩罚。换句话说，始作俑者往往在情感上不会被原谅。因此，建议大家如果滋生了自私的动机，要懂得隐忍，千万别做始作俑者，当然，最好摒弃这样的动机。

人生旅程中，在痛苦和危机的境况下，敌人的力量冲击折磨着你，对手撕咬着你的肢体，超越和抛离则是生存下去的首要任务。

因此，你每时每刻都生发出应对的技艺和行动，将你的个人潜能发挥得淋漓尽致。随着持续时间的累加，你变得巨大无比，成为强壮的斗士，成功的彼岸就在眼前；你创造出惊人的成绩，因此庆幸身边折磨自己的敌人，让你有了脱颖而出的机会。因此，宽容他人的实质是在解放自己。

第三节　人际关系的三角形管窥

一、人际关系的你我他

在人际关系中，简单而言，存在一个三角关系：你、我、他。"朋友之交，至于劝善规过足矣……"（清·刘开《孟涂文集》）。朋友是一面镜子，你能从中看到你自己，朋友甚至比你还了解你自己。朋友就是"你"和"他"，相伴在"我"的左右。如何处理三角关系中的你、我、他，是处理人际关系中的重要话题。要做到四方周到、八面玲珑，确是不容易的事，问题是在人际沟通中，立场、观点、道德、学养、修养、核心价值观以及看问题的角度都参差不齐，所以不可能产生完全一致的认识。形成你、我、他方向上的和谐共荣，这就是良好的人际关系形态。

（第 26 个三角形）

我，必须是真我。人在融入社会的时候，不应该是时刻戴着一副面具处处提防他人算计的可怜虫。人，首先得认清自己，为了和谐地融入社会，人应该了解自己的性格、价值观、人生观等个人本质属性，这是你人格独立的体现。在人际交往中，可以实行"见人说人话，见鬼说鬼话"的原则，但是不可夹着尾巴做人，时刻为了迎合他人而言不由衷，隐藏个人的真实观点与看法，会让人错以为你没主见不独立。因此，学会在人际关系中找到自我定位很重要，没有自我定位就没有自我位置。

你，即"我"的直接交往对象。你、我均为独立的个体。我对你的认知只停留在对你的外在判断上，包括对你的五官、体型体态、衣着、发型等实实在在的感官，还有更深层次的就是通过你的语言、职位甚至经历，大致判断你是拥有怎样一种价值观等。这对于良好人际关系的达成很重要，知己知彼，百战不殆。

他，即我与你在人际交往进行的时候，除我们之外的其他人。他们可以作为我们谈论乃至评价的对象，譬如说句不好听的，"他"沦为了我与你的谈资。我们往往通过讨论评价第三者，获得一些对他人的未知信息，为与他进行人际交往做好准备。当然有时候可以纯粹为了娱乐，不过如此却不可取。毕竟，古人有言："静坐常思己过，闲谈莫论人非。"

打造人脉，贵在真诚与平常心、同理心。

二、成功沟通的思考方式

从字面上解读"沟通"，就是开沟以使两头的水相通。简单的字面解读尚可看出"沟通"是一方的主动行为。既然存在主观上的主动性，那么就一定存在一定的目的。也就是为什么要沟通？沟通要传达什么样的信息？沟通要实现什么样的目标？要用什么方法去传递信息？这些都是开沟前所要做的准备工作，因此，沟通是一项人际交往或关系修复的工程。这项工程所用的原材料是"我自己"的爱、思想、情感、汗水、泪水、血液以及灵魂。沟通的目的是传达真正的爱。沟通是为了一个设定的目标，把信息、思想和情感在个人或群体间传递，并且达成共同认识的过程。你拥有什么样的沟通思维，就决定了你有什么样的沟通质量和效果；你拥有什么样的思维，你就会打开什么样的人际关系局面。

人际交往是一门艺术，如何和他人愉快地沟通，这是许多人、企业管理者需要思考的问题。成功沟通，意味着商务合作达成，同时也决定了你在同事、上下级中的人际关系质量。那么，如何才能建立成功沟通的思考方式呢？

所谓沟通，是指双方通过语言、文字、动作等方式传递和反馈思想与感情的过程，以求思想、情感达成通畅。当然，换位思考只是笼统来说。如果细化，可用营销上的三角形理论分析，也就是我们今天来讨论的学习

（第27个三角形）

方法，从三个维度来解析成功沟通的思考方式。

第一，他人。把他人当成自己。成功沟通需要像钟爱自己一样钟爱他人，要像宽容自己一样宽容他人。沟通中产生分歧在所难免，如果盲目地固执己见，认为自己是正确的，而对方也抱着同样的态度，那么成功沟通也就无从谈起。在企业管理中，成功沟通建立在宽容的基础上，要学会将心比心，把他人事业当作自己的事业，尊敬他人个性，不强求他人都像自己一样，这才是一个优秀管理者的风采。调查表明，一个懂得检讨自己、关心员工、设身处地为同事着想的人更容易受人青睐，也更容易取得成功。我们发现，适当的情感交流，不仅可以营造出一个和谐愉快的工作氛围，同时也能够提高各部门的工作效率。可见，把自己当他人，站在他人的角度思考问题，在企业管理中显得多么重要。

第二，自己。把自己当他人。躯体上的自己有血有肉，有感觉有感受。古语有云："己所不欲，勿施于人。"说的是自己都不愿意做的事情，凭什么强迫他人来做呢？如果一个人不能正视自己的缺点，那么他也无法正视他人身上的优点。刚愎自用、武断专横，乃是沟通交流之大忌。

第三，我自己。精神上的我和躯体上的自己高度结合，在心灵上加以统一和结合，言语行为既是精神上的诉求也是身体上的真实表达。不说违背良心和出卖灵魂的话和事。"走自己的路，任他人说去"，相信大家对但丁①这句话都不陌生。谈到这里，有人会产生疑惑："走自己的路，任

---

① 阿利盖利·但丁（1265—1321）。以长诗《神曲》留名后世，他被认为是意大利最伟大的诗人，也是西方最杰出的诗人之一，全世界最伟大的作家之一。

他人说去"难道不是武断专横、夜郎自大么？诚然，例如企业管理中所指的沟通并非单纯的是一次情感的交流，它更多指向的是绩效。在沟通过程中，明知他人言论错误，仍然一味地妥协，出发点不对，又何谈成功的沟通？沟通中把自己当作自己，是要求在沟通中端正自己的立场，保持一颗清醒的头脑，能够去伪存真，去糙存精，是对自身定位的掌握。彼此沟通需真诚、有立场、是真实意图的表达。

正确的沟通思维，需要我们从"他人"、"自己"、"我自己"三个角度来辨析，才是成功沟通的思考方式。

三、人的关系本质

我经常有这样的感觉：语言能说清楚的世界仅仅是一小块，化解嫌隙，有时一百句话，不如一个实际行动。修复情感，有时候只需要一个拥抱。人，始终是东方、西方哲学思考的主要对象，而哲学思考的主要是人之间的关系问题。人类是群居的群体，人的需求本性中最常见的现象就是相互依存，可以说，我们都是依靠他人而活着。即便成功，也一定有他人帮你铺就阶石。人的关系本质是由人自身生存的性质所决定的，这就是人的共处需求。假如没有这种共处的本质需求，那必定是一种病态的人生，是抑郁的前兆，是孤独的自我自暴自弃的行为。因此，我们每个人都需要他人伸过来的手，其实我们每个人都在等待着或者准备着那只伸过来或者伸出来的手，我们需要那只手的温度并从中获得力量。学会怎样与人共存共处，有时比什么都重要。

人与人之间的关系是比较复杂的，学会怎样与人共存相处是需要一定前提条件的，人与人之间的关系从本质上讲就是：人需要管理、需要力量、需要温度。

（1）人的共处管理。这里所指的管理有两种含义：一是管理他人，二是被人管理。在人的共存共处中，有一种需求是需要从管理他人中而获得的成就感，也需要从被人管理中获得方法和经验。而在人际交往中，被管理容易理解，管理他人是一门学问，其最基本的态度是尊重，同时也要学会赞美和批评。

（2）人的共处需要力量。这里所指的力量有两种：一是正面力量，

（第28个三角形）

例如，因他的存在感到踏实和安全；二是负面力量，例如，因他的存在感到恐惧和胆怯。

有的人让对方有力量感、安全感，在情感上、行动上会在朦朦胧胧中感到这种力量的存在，如夜晚在路上行走，表现就更明显，同路上的这个人对你并没有说什么，更没有做什么，这也许就是我们说的磁场现象。

当这种磁场的作用是正面的，对方很快就会认识，甚至不能分离，即使分离了这种力量并没有消失，因这种力量产生牵挂和思念。当这种磁场的作用是负面的，你会有意避免和他的接触以寻求心理的安定。对于一个个体来说，我们应该努力给他人带来正面力量，即正能量，这不仅有利于增强人际关系，也有利于让自己充满正能量。

（3）人的共处需要温度。这里所指的温度并不是具体的体温或者天气的温度，而是一种主观感受，一种你所能感受到的对方的心情并引起共鸣的状态。当你感受到对方痛苦时，你会落泪。事实上，对方的痛苦你并不知道是什么，也没有体验，落泪完全是对方的处境复制了你自己情感深处过往的经历，引发了同理心和同情心，产生了一种感同身受的情感。因此，双方的温度很快就达成一致或基本一致。所以，我们要切身去感受他人的温度，并尽量去感受这种共鸣，以达到心灵的共振，实现与人和谐相处。

人的共存共处需求其实很简单，只要掌握好了管理、力量、温度三者的关系及其重要性，适当、适时调整三者的关系，保持好一个最佳的需求结构，那么你就可以在人际交往中获得比你的付出大许多倍数的回报。

四、交往中的共鸣

交往以及沟通的目的是引起他人的共鸣。人际交往所说的共鸣是指心灵相通、意见统一或趋同而产生频率一致的行为。一个人的思想情感或经历遭际能够使他人产生强烈的心理呼应，需要有足够强大的人格魅力。这个人格魅力是一种气场，时时刻刻在影响你的人脉关系。肢体动作、交流工具的文字以及能够表述情感的语言，是这个气场形成的三大硬件。应该承认，现代人的灵魂大部分已经被物欲所侵占了，留给崇高、敬畏以及情感的地盘已经很小了，要想赢得他人情绪、情感以及价值观的趋同是一件很不容易的事情，因此，能在交往中达成心灵上的共鸣，弥足珍贵。

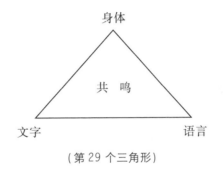

（第29个三角形）

大部分渴望成功的人都很注重积累自己的人脉，如何在人际交往中做到交流双方的共鸣，也是公共关系学中重要的一门功课。

人与人之间的交往，首先应该是身体的气场被接受了，也就是我们常说的第一感觉能否引起双方的好感。例如"一见钟情"说的就是这种身体的气场被接受和被吸引。

然后才是语言共振的问题，"酒逢知己千杯少，话不投机半句多"，说的就是语言共振的问题，双方有没有共同语言或者共同感兴趣的话题，往往影响交流双方是否能引起"共鸣"，否则的话就是"对牛弹琴"。

能够引起共鸣的还有文字的交往，那就是对对方提供文字的认同以及接受。文字，主要是书面文字。文字交往包括书信、书札、书籍等，也包括一系列的交易合同、协议书等交易文字，还包括团体、机关和企业的所有文字沟通。"字如其人"，文字对交流对象传递的信息量是非常丰富的，对于能否共鸣的作用可想而知了。现在是互联网时代，很多交流都是通过网络来完成的，例如微博、微信、QQ等。

现代交往的工具和形式都在往多元化发展，不管在哪一种形式的交往中，达成心灵共鸣是取得他人信任与认可的前提条件，是人际交往的最终目的。因此要学会运用身体、文字、语言三个基本沟通工具，根据沟通对象选择沟通工具和设计沟通形式，扬长避短，发挥一己优势，以诚相待，开诚布公，去赢得他人的尊重，愉快地接受你的意见并产生情感上的共鸣和认同。

五、沟通的艺术

几乎所有的人都认为，沟通是一门艺术。"沟通的艺术"和"艺术地沟通"需要我们艺术地掌握。"艺"通常是说一种技能，中国古代有六艺之说；而"术"是一种方法、方略、技巧。沟通的艺术是我们借助肢体、语言、文字等工具，在心灵与审美对象的相互作用下，进行的充满激情与活力的创造性劳动。可以说它是一种精神文化的创造行为，是人的意识形态和生产形态的有机结合过程。卡耐基曾说："我们没有办法经常使人感到满足，但我们可以把话说得使人高兴。掌握神奇机智的语言应变技巧，无论是对演讲还是对于谈判来说，都具有重要的作用。"这就是卡耐基总结出的妙语沟通心法。艺术地沟通是情绪快乐的转移过程，沟通的艺术在于感情的良性互动，是"情"在"理"与"境"之间的动态链接，形成的情理与情境就是沟通艺术最成功的效果。

人际交往对于我们的成功起着举足轻重的作用，因为我们每个人的价值都只能通过社会这个大家庭去实现，我们的所作所为只能通过他人去体现有没有现实意义，而良好灵活的沟通是人际交往中最重要的一环。所以，要想提高人际交往能力，首先应该掌握沟通艺术。

每当我们在进行人际交往的时候，有三个因素在同时发挥作用，那就是情、境、理。

（第 30 个三角形）

"情"指的是交流双方的同情心与同理心。每个正常的人都具备起码的良知与理性思维判断能力。故此，秉持"性本善"的观点，每个在交往中的人本身都有基本的同情心与同理心。这也是人类实现平等人际交往的前提。

"境"是交流所在的环境、交往对象等，人类交往的时间、空间、语言艺术等硬件因素，是双方交流是否顺利的重要因素。当然这里很大部分"境"的要素，是我们可以凭借主观意志力掌控的。交流的时间以及空间，本来就有很大的不确定性，人们可能随时随地进行沟通、交流。至于语感、语调等，每个人的声音也都有魅力指数之分的。人都是感官性动物，这也是为什么我们会有"女人是听觉动物，男人是视觉动物"这种说法。在人际交往的时候，为了赢得对方的好感，我们只能选择提升个人形象（包括外在包装以及声音魅力），尽可能地让对方感到愉悦。诚然，外貌以及声喉等先天性因素，我们是无法改变的。"腹有诗书气自华"，有些气质是通过修养来实现的，我们只能通过内在的修炼以及外在适可而止的打造去努力营造"境"中的魅力吸引。

"理"不仅指大千世界大大小小的道理，还指沟通对象的利害关系。如果你想要通过语言交流赢得对方的信任与赞许，只能从对方的利益出发，站在对方的角度去分析、思考问题，这一点尤为关键，毕竟，每个人有不同程度的自我。作为单独的个体，每个人都只能掌控自我，"理"可不是语言极具哲理的意思，而是在讲道理的同时，也穿插了有利于对方个人利益的观点。

此外，沟通艺术中的"情、境、理"是可以互相转化并产生影响，进而生成作用的。对感性的人，要动之以情；对理性的人，要晓之以理；对感性的人，要多用形容词；对理性的人，要多用数量词；对感性的人，要讲艺术语言；对理性的人，要讲语境技术。如果你遭遇了被误会，那往往就是你的沟通容易让人误会。多自省，少责人。掌控好"情、境、理"三大要素，在"情、境"适当时，讲"理"也变得顺畅了；同理，在"理"通时，也容易产生"情"，并形成相处美好的"境"。"情、境、理"三者互相转化时，就形成了沟通艺术的力量，这股力量使人与人之间的相处和交流变得和谐。

本章小结

　　人生际遇中的许多现象都是精神之魂在现实生活中的体现，这18个三角形仅仅揭示了其中的一小部分。这些现象的基本属性，都有着共同的形态表示，我这里只不过解读了生活工作中最常见的一些人格形态属性。我想起明末清初学者廖燕的一句话："题目是众人的，文章是自己的，故千古有同一题目，无同一文章。"此话说得极是，合乎我作此书时的心境。其实，我只是提出了一个题目，只是为大家提供了一个解读三角形现象的思维范式。我想假如通过这一斑而能窥到全豹，那么这本书就有了抛砖引玉的价值，我相信会有更多的人来从这种思维范式中，找到迷茫、迷失、困惑、忧伤、暴戾、抑郁、哀怨、得失、风险、挫折等人生难题的解决之道。

　　思想太少可能失去做人的尊严，但是，思想太多可能失去做人的快乐。太多太少是生存盐分的度，太咸太淡都好调节，但是不能没有思想！没有思想就等于生存没有了盐分，纵使富可敌国，也必定日子寡淡无味；没有思想，便形同行尸走肉。在人生旅途中，我们认真地解读这些人际关系中的三角形现象，才能学会沟通和交往，才能丰富生命。在人生际遇中，假如有一次能遇见自己，那必定就是顿悟的时刻，只有这一刻，我们才会幡然醒悟：历经艰辛困苦，跋山涉水，我们就是为了找到一条走回内心的路。没有思想，灵魂就没有栖息的地方，无论你走到哪一步，其实都是在流浪！

第三章 个人修炼的三角形态

人是一种很娇气的动物，娇气到了强烈的自我意识中不容他类；人是一种很矫情的动物，矫情到了情感吝啬和情感泛滥到无以复加的地步。人的自我娇气使得人与大自然的亲昵动作越来越少，这是个人行为准则迷失的表现，其结果是人对大自然的敬畏走向对大自然的强暴。人类的强暴行为无所不在，不要只是认为开山挖矿是一种强暴大自然的行为，其实我们每个人都有这种强暴行为，并且累加起来就是一种暴戾。比如，某地的女人过冬的毛衣据调查人均 15 套，这种奢侈的浪费间接地消耗了大自然的资源，也是一种强暴。人的自我矫情使得我们人与大自然产生了人为隔阂，比如我们为了躲避太阳而刻意戴上的墨镜，有些行为只有人类才做得出来，芸芸众生中只有人类会用墨镜来躲避太阳。这些例子说明人最多考虑的是自己。自私是人的本质，无私是我们穿的外衣，是用来包装自私的，自私是先天的，无私是后天的。为此，为了减少人类自身的暴虐行为，公允性的法则和行为准则的形成就显得十分必要，这就是我们做事的原则。显然，原则是规范我们行事行为的，是经过长期检验所整理出来的合理化现象。假如失去原则，也许我们自己都不知道自己会变成什么样子，因此如何做事？做事的原则到底是什么，就成了每个人行事前必须要思考的话题。

　　信念往往会成为一个人的精神导师。信念是强心剂，支撑着理想前行，是理想的颂词。而理想会让人产生责任感，这种责任感是信念的底片多次感光的结果。责任感是把事情做好、做得漂亮的基础，责任是我们自己给自己定下的规矩。一个肯定这样规矩的人，一定是一个聪明人，一定是一个认真的人。

第一节 修炼原则的三角形态

❖ 一、正确地做事

如何才能正确地做事呢？这首先要确立做事的原则。做事是一个人选择性的行为，也就是说这件事做不做是由你自己做主的。有的文章上强调：做自己真正喜欢的事情。其实这是美好的一厢情愿！有些事情由不得你不去做，不过，怎么做以及做不做却是由你自己来决定的，宁死不做，你的意志往往会成全你的人格原则，但是却有毁了事业的危险。最好的提法应该是："真正喜欢地做正确的事情。"喜欢很重要，但更重要的是要正确地做！正确地做事，就是合理地调配资源，通过正确的方法，使事情朝正确的方向转变。这样，你的做事方式方法就有了谋略和技巧的味道，你的行事行为就有了艺术的质感。

（第 31 个三角形）

在工作中，我们在重大问题决策前，脑袋里思考的问题关键往往是：

第一，做事的方向正确吗？

第二，做事的方法正确吗？

第三，拥有合适的资源，并形成正确的杠杆撬动事情的发展了吗？

钱为正确的事服务，是排在第三位去考量的元素。如果做事情前把思考元素序列颠倒则会误事，结果是耗费更多的人力、物力、财力。

做正确的事，正确地做事，以及让正确的杠杆（人和工具）撬动事情发展。这是人们在长期的实践与总结中，得出做事情最为基准的原则。这些要素排列的顺序同时也是我们在做事过程中要考量的顺序，如果颠倒，则会误事。做事原则的重要性，可见一斑。

做正确的事，找准行进的方向。这是做事原则的第一步，"不积跬步，无以至千里"，方向的选择起着至关重要的作用，如果选错，那么后续的所有努力都将毫无用途。你需要明确地知道，自己的目标是什么，正在向哪个方向前进，以及如何到达目的地。谨慎地选好目标，定好方向，好的开始是成功的一半。

正确地做事，采用合理的方法。有了第一步合理的正确的方法为奠基，在做事过程中，即使困难重重，在正确的道路上也不会停止跋涉的脚步。有些事情或许有捷径可走，然而更多的事则需要一步一个脚印地踏实苦干。正确的做事方式方法，一定能够实现"直挂云帆济沧海"的壮志豪情。

以合理的资源形成正确的杠杆撬动事情的发展。人力与财力，是最主要的资源，是为正确的事服务的，它们是基础所在，因此应该放在第三步去考量。如果做事方向不对，做事方法不好，一味地强调资金成本，那表面是节约成本，事实上是巨大的浪费成本。部分创业者与管理人，由于经验不足、资金缺乏等问题，但会因为目的和方法的南辕北辙，考虑及思量的不周而耗费更多的人力、物力乃至财力。舍本求末，是为谬误。

因此，管理要解决两个基本问题：一是做正确的事；二是正确地做事。效能是做正确的事，效率是正确地做事；效能强调的是领导，效率强调的是管理。

做正确的事，需要正确的方式方法，在合理的人力、财力支持下，才有可能将事情做好、办好。这三者之间才会互相促进，互相产生作用，从而把事情顺利、圆满地做好。假设方向错误，或者方法不对，或者使用的人力、财力不计成本，则事情办下来，最后的结果仍是不能满足我们做事的出发点和落脚点。

二、态度的首要性

聪明人做事首先考虑的是寻找诀窍。其实，所谓的诀窍最重要的就是我们做事的态度，有时态度决定了一切。首先，介入工作的态度要认真，抱着认真的态度去做事，就是一个好的起点，然后快速地投入到工作中去；其次，谋事的方略很重要，第一步很关键，万事开头难，只要第一步走对了，余下的路就会变得顺畅。有时我们仅仅需要做两件事，便可赢得一生：一是做人，二是做事。如何做好事情，绝不是一个小问题，而是关系到你能成就多大事业的人生重要课题，做人是做事的开始，做事是做人的结果。做人有做人的法则和技巧，做事有做事的规律和窍门。

（第32个三角形）

一件事情要想真正做好，支撑你的不是利益，而是内心的一种责任，一种对待事情是否认真的信念。

在传统教育方式中，多是鼓励人们如何揣摩别人的心理，领悟别人的用意，用种种办法拿到好处，即所谓的"聪明之路"。因此，聪明的人会将更多的心思花在权谋和捷径上，不愿认真做事。其实认真为做人做事之本，聪明离开认真，只是无源之水、无本之木，终究长久不了。毛泽东说过一句话："世界上最怕认真二字。"因此，把事情做好的诀窍其实就是认真，就是最重要的做事的态度，要坚持"认真第一，聪明第二"的法则。

认真是一种习惯，这种习惯来源于自己内心意识到自己不同于他人，自己必须细心地应对手头上的事情，不耻下问，一丝不苟。相反，当自己认为自己很聪明，不细心应对，马虎了事，结果错漏百出，将事情办得一塌糊涂。

"认真"二字的精髓，是一种"自己总有不尽如人意的地方"的内心潜意识体现。是自我盘问式的自省，其表现是：总是担心将事情理解错误，把事情做得不好，辜负希望，责任重大，所以如履薄冰，老老实实一点一滴一横一竖将事情办好。"认真"不是没有创意。实际上唯有"认真"二字才能影响事情的最终结果。不管何种人才，不认真就谈不上真聪明，真正的聪明是以认真作为基础，踏踏实实地做好那些微不足道的小事。认真的可怕在于，看起来微不足道的力量，只要一认真起来就能发挥出巨大的威力；看起来不可能的事情，只要一认真起来就可以变成现实。

比如，在学校我们常常发现，认真读书、认真写作业的学生都是内心自我意识到知识的重要性，因此愿意在作业、看书上下苦功夫，不走过场，不耍小聪明，不耻下问。相反，自我意识到自己聪明过人的人，就不愿意在"认真"两字上下笨功夫，不愿意付出代价，掉以轻心，自以为是，结果，表面看起来是聪明人，实质上无法取得好成绩。

真正聪明的人，一定会意识到做事情认真的重要性，认真的态度还表现在认真掌握诀窍，掌握事情本质和规律，明白事情的来龙去脉和转化方向。所谓的诀窍就是认真地运用"聪明"，顺应事物的本质和规律，借助合理的方式方法，以达成问题的圆满解决。

三、信任的重要性

在膨胀的物欲无休止的累积下，人与人之间的精神纽带已不堪重负而出现了裂痕，并由此产生了道德沦丧、人情淡漠、人际关系嫌隙加深的人性危机，这就是信任危机。许多人试图通过制定新型的秩序，比如游戏规则、习俗民约、法律法规等来重建人与人彼此间的信任。但是，我发现建立在权威和利益捆绑范畴之内的信任体系，其背离了人性善良的初衷，在物欲和现实诱惑面前不堪一击。那么，我们应该怎样去赢得信任呢？我觉得取信于人和相信于人都不是一件很难的事，关键在于一个人是否肯用行动去表现忠诚，忠诚是人性中最厚实的部分，是做人的基础。一个人拥有忠诚的品质还不够，关键是要表现出来，让别人感觉到，这是赢得信任的基础条件。忠诚和胜任两个元素构成了信任的基础，胜任是能力的度量衡器，只有忠诚没有胜任的能力，仍然不能赢得信任，一个决策者绝不会把一项重要的工作交给一个只有忠诚而缺少能力不胜任的人，而愿意信任地交给既忠诚又有能力胜任的人。

信任是有成本的，信任直接或者间接地影响着整体效益。信任的成本是无形成本，但是却是可以规避和控制的，这就取决于人与人之间的信任度，信任是有限度的，字面上就有相信、互信、深信、笃信，成语里有深信不疑、半信半疑、笃信之至，等等，它直接构成了企业的无形资产。信任是企业发展最重要的内部环境指标，它是企业文化的重要组成部分，它代表着企业的和谐氛围，代表着企业尤其是股份制企业各个阶层人员之间的关系质量。因此，以最有效的沟通来摊薄信任成本，企业才会做大做强。

（第33个三角形）

有了信任，我们才可以实现理想，得我所欲。因为夫妻间的信任，家庭才幸福；因为同事间的信任，我们才安心自如地工作；因为广大民众的信任，才成为强者。

而缺少或没有信任，我们难以或无法得到有意义的东西。夫妻间缺少信任，难以解释一次夜归的原因；同事间缺少信任，难以合作一项简单的工作；死刑犯失去了社会的信任，再怎么承诺"改邪归正"，也避免不了一死。

信任原本就是一种最重要的社会资源。信任的本义就是不怀疑、不计较。

信任不能转让或转移，别人信任你，你不可将这种信任再转让出去，这是对信任严重的不忠诚。比如，我借辆汽车给你用，你又将车借给第三人，就是说我的信任被你转让给第三者。又比如，领导人把公章让你保管，你没权利将这公章交予第三者保管。股东之间的合作，不是股东之间派出代表人的合作，否则这是公司合作的危机根源。转让信任一定会产生背叛。

信任是组织存在的关键元素，因为组织存在需要成本，人与人的交流沟通是需要成本的，比任何的物质与财务成本都要大。信任成本越低，组织存在价值越高，反之亦然。家庭、家族、企业、帮派和利益集团、国家与国家都是这样。

信任需要成本。

有一个成本是大家很少意识到的，那就是公司的内部交易成本。随着市场竞争的激烈和市场的成熟，每一家公司都会很自然地优化自身的人力成本和外部交易成本，到最后，真正决定公司存亡的往往就是公司的内部交易成本的差别。

公司为什么可以存在，就是内部"成交"成本远远低于外部"成交"成本。

通俗来说，公司的内部"交易成本"多指公司股东之间、公司员工之间、公司上下级之间流程不明晰，人员之间互相猜忌制约，从而造成效率大大降低，人为地推高管理成本。所以准确来说，公司的内部交易成本其实就是一个公司信任管理的问题。

公司内部的信任关系是降低内部交易成本的甜蜜润滑剂，因为股东之间的信任，因为员工之间的信任，因为上下级之间的信任，因为合作双方能很好地按协议、规章、流程执行，公司大大提高了工作效率，能朝着公司目标直线地、快速地前进，成为公司甩脱竞争对手的关键武器，这样的公司能在更复杂的市场竞争中从容生存。

信任的条件是信任别人的人是否有评判人的能力，没有这种能力的人所说的信任就是空中楼阁，信任就是所谓的放空炮。信任别人是需要明白关于资格的严肃问题，而不只是说说而已。信任的基础是胜任，信任是思想、行为、行动的三位一体的人际关系，没有胜任做前提，信任是危险的行为。比如，你将汽车交给一个没有驾驶经验的人使用，这不叫信任而是放任，是危险的行为。

信任是有条件的，如评判能力与资格条件。信任的前提是能力与水平，平时给别人留下的印象也是很重要的，所以一定要树立良好的形象。胜任工作、印象良好，一定会产生信任的轻松环境。

胜任工作，在平常的工作中表现出能够承担所在岗位的工作的能力，树立正面积极的岗位形象，才能得到信任，信任是由被信任者对工作的态度和能力决定的，信任是人与人在社会活动中最安全但又无法掌控的思想行为。

物质、制度、信任是治理国家、治理公司的重要部分，但信任最为关键，因为其最难以把控和衡量，信任是心灵安全的需要。

学生问孔子如何治理国家，孔子说：①足够的物质；②足够的制度；③足够的信任。学生又问，如果去掉一样，可以先去掉那样呢？孔子答，可以缺少制度。学生又问，如果去掉两样只剩一样，那最重要的是什么呢？孔子答，那就只要有信任。信任是内部治理的第一位。

信任的结果是被信任的人对信任者行为忠诚，忠诚是信任的出发点和落脚点。

信任需要忠诚作回报，信任、胜任、忠诚三点才能组成圆满的结果。三者互为依托，互为循环，缺一不可，否则都是空谈，都是危险的关系。信任的结果无论怎样，双方都应接受，信任是双向的。

信任不是你的事或我的事，信任是我们共同要做的事。只有当信任产生互动，信任的力量才会产生，组织才会变得强大。提出"管理得少就是管理得好"这一观点的美国通用电气公司 CEO 杰克·韦尔奇曾经自豪地说："我信任我的员工，他们也信任我。"

信任是暂时性的精神托付而不是永久性的交付，因此还需要有根线连着，这根线就是：请示汇报文字的来往。没线连住就是依赖了，依赖是高危的人与人关系。信任是人与人交往的"度"问题，这是情感艺术。

信任和依赖我们经常混为一谈。信任是情感艺术，信任是一种习惯行为，信任是双方之间有效沟通；而依赖是一方将情感、利益交给另一方的赌博行为。

四、成功的条件

一个人专注于理想事业，坚持为理想而奋斗，最终实现自己理想之后一种自信的状态和获得一种满足的感觉以及赢得社会尊重的状态便是成功。成功其实是一种感觉,这种感觉是在长久的期盼中瞬间而至的,因此充满了惊喜和快乐。因为坚持,因为专注,成功诠释了人性中最积极部分的意义,它解释了"人活着的目的"和"价值"。成功给一路灰头土脸的生命镀上了一层耀眼的金色。

(第 34 个三角形)

总有那么一些人,他们一直默默无闻,却在某一天一鸣惊人,但是这样的人为什么会成功呢?他具备什么素质呢?高智商、高学历、广人脉,还是好运气或者其他呢?

其实这样的人都有一样共同的特质,那就是专注。专注,不但是事情成功的关键,也是健康心灵的一个特质,就是注意力全部集中到某件事物上面,与所关注的事物融为一体,不为其他外物所分心。一个人对一件事只有专注投入,才会带来乐趣,对于一件事情无论你过去对它有什么成见,觉得它多么枯燥无味,提不起兴趣,一旦你专注投入进去,它立刻就变得鲜活起来,而一个人最完美的状态,就是进入这种投入的快乐之中。

专注是对事业精益求精的追求,专注是精神意念,是道;方法是技能行为,通过行动来展示,是术。道为先,后再生术。术通过时间应验,经过传承和积淀,提炼后升华为道。道和术时时混淆,道、术间没有分水岭,只有切点,如此持续、重复、飞跃,从而推动了事业的车轮滚滚向前。

世界上所有将企业管理得井井有条、业绩持续稳定增长的行家里手,十有八九都是世俗眼光里比较呆板木讷、乏味无趣、固执专注的人,不厌其烦唠唠叨叨的人,这种人具备了天生的专注特质。

因为专注而选择坚持，凡事做到极致便是成就。越是聪明的人，越是懂得下笨功夫。

自以为聪明的人做事情很难成功，原因有二：一是不愿下笨功夫；二是没有找到价值体系中最重要的事情去做，却去做一些在价值体系中不怎么重要的事情，或者不能坚持在正确的价值体系中用心经营，所以他们内心缺少全力以赴的动力，也就很难成功。

优秀管理人员大多具有沉稳刚强、务实果断的性格，做事坚持原则，不受外界影响，目标明确专一，认定方向，有不达目的誓不罢休的坚持和专注的毅力。只有这样的人才会赢得成功，才会进入成功的状态，才有资格享受成功所带来的快乐。事实上，当一个人长期坚持理想，专注于某样事业时，其身心状态是快乐和喜悦的状态。

五、人生境界的建筑隐喻

细细品味人生，就会发现我们一生的努力是在搭建一座安放灵魂的栖所。自然生命的目的地是十分清晰的，以至于清晰到了我们在降生的那一刻就知道了生命的最后结局。那么，何处安放我们的灵魂呢？我们会为自己修造一个什么样的建筑呢？精神的建筑是一首哲理诗，关于人与建筑物的哲学思考应从人性开始，这样我们的人性价值才不会迷失。

（第35个三角形）

人的一生是有限的，在理想的引导下，必须集中资源去做正确的事情。要对过去总结，对未来评估，积极主动制定新阶段的行动计划。但很多人被空想的毒药所负荷，它打破你的平静生活，老是把你推到风口浪尖，老是要求你过一种时刻劳心劳力的生活。

智慧的人在生时建座"寺"，传递文化精神，繁盛思想。后人对前辈再孝顺只能为你建个"庙"，供奉已没实质意义，遗落路旁，希冀路人瞻望。

聪明的人创业时少花钱多出力，守业时多出钱少出力，因为安身立命需要的是心血和心力。

年轻时想的是进别人的球，但年老时想的是不被别人进自己的球。"寺"是以传播者亲身为理念传导精神，"庙"是以虚拟的神位为寄托勾魂伎俩。但商海俗子又怎么愿意挥洒金银，又何来心智觉悟实践建造精神的"寺"呢？

"庙"：代表家族打理的企业，有一定局限性；"殿"代表由职业经理人经营管理的企业，这是一种所有权和经营管理权分开的做法，是最值得推荐的。

在如今这个残酷无情的商海中，你侥幸站住了脚，你成功了，那么你会怎样来处理你许多的钱财和成功的经验呢？是像守财奴一样死死地守着自己的钱财和经验不让别人接触，还是把自己的钱财和经验拿出来做更有意义的事情？

大多数都应该会选择将自己的钱财与经验拿出来做更有意义的事情，这也是正确的选择。试想，假如你买彩票中了500万元，这笔钱你一直花的话，肯定到最后你还是会回到未中彩票前的生存状态，这就是所谓的"庙"，转瞬即逝。而真正的有能力、有主见的人势必会为自己修座"寺"，拿自己的钱财和经验来成为这座"寺"下坚固的泥砖，当别人通过你的经验而成功的时候，我想，你会更加肯定自己的做法。

从"寺""庙"得到了点化后得来的成功，势必还会回来祭拜这座"寺"，"寺"必然兴旺。

当你从"寺"中得到你想看到的成功的时候，势必我们会再建造多座"寺"，而这多个"殿"组建起来的建筑就是"寺"，人生的辉煌莫过于一座"寺"，由千千万万的钱财与成功的经验组建起来的"寺"，会被人们传承。

人生从公平开始，历经诸多不公平，最后在公平中结束。别在意自己是谁，而应在乎别人认为你是谁。

第二节 修炼管理的三角形态

❖ 一、压力管理

压力可以造就成功，也可能导致失败甚至毁灭，关键在于我们如何认清压力的本质，怎样进行压力管理。

压力是多种多样的。有的来自生存本身的艰辛，有的是因沟通障碍所产生的误解，有的因客观环境变化的影响而步入窘境，有的因主观失误所招惹的灾祸，等等。压力可能来自自身对自己的设定，也可能来自外来的压迫；可能来自预期目标的激励，也可能来自对于竞争压力及失败压力的恐惧。许多压力都是暂时的，并且随着时间的流逝，压力会慢慢消溶。但是，有一种压力是十分可怕的，这就是因为无知所产生的压力。无知助长了人性中孪生的惰性，蒙蔽了生活本身的严肃性、残酷性。无知容易使人满足于对事物的一知半解，其结果是使得许多人的事业半途而废。所以，压力的根源来自于你自身的知识结构和储存量，术业有专攻，在问题面前你的压力必然随之而来。

（第36个三角形）

说到压力根源的问题，首先要搞清楚，为什么会有压力？

无知或知之不多就会有压力。例如，你没有汽车驾驶证，或者没开过几次车，给辆汽车你去开，你就会有压力；你感到某件事自己没有完成的信心，心生纠结，就会有压力。无知不可怕，可怕的是无知却不自知。因此，认识自我，了解到自己的无知是很重要的。俗话说，人贵自知。人的一生，其实就是一个不停学习的过程。

只要肯努力学习，接受新生事物，更新思维，无知是容易解决的。最怕是知之不多，知识结构和知识量不够丰富，询问时不是不知道，只是知道一点点。这样的状态是可怕的，在每一个领域都是蜻蜓点水，没有专攻的术业，这样的人才不算人才，最多只算"迷茫"的人力。优秀的人往往善于找准自己的定位，在某方面有所专攻，摆好自己的位置。

掌握、运用知识创造价值的方法，即是知识的表现形式。许多人之所以怀才不遇，不是因为自己本身知识不够丰富，而是由于不懂如何运用知识，将知识转化为文化价值，即有知识没文化的客观表现，满腹经纶到头来无可用之处，这是已知而"无知"的可怕。

怎么对待压力？投降也许是好办法。面对压力要学会投降，要承认自己不懂，然后去寻求懂的人帮助，寻找解决问题的方法。硬撑是没有用的，只会坏事。投降是解决压力的最好方法，在人生中，有一种胜利叫投降，进退自由是胜利的本义。

当你愿意投降时，你便会去找解决问题的方法，你就会向人询问和征求意见，你就会诉说。投降不是消极的逃避和回避，而是主动地告诉自己：没问题，办法总比困难多！在无知或知之不多的状态下，当矛盾或危机出现时，就会倍感紧张，不知所措；没有了解决问题的方向就没有了安全感，此时全身心的疲倦，表现在身体和精神上的行为就是情绪。人的情绪既有来自内心，又有来自环境，情绪是人受外界的影响而对环境的一种情感表达方式。环境条件的改善会舒缓人的紧张情绪，情绪失控就是压力过大，没有适当渠道释放的表现。

如何运用知识改变世界，就是如何将所蕴藏、领会的知识恰到好处灵活地表现出来的问题了。伟大的哲学家培根[①]曾经说："幸福就是知道别人不知道的东西，掌握了别人没有掌握的知识。"多掌握知识并且科学的将知识结构进行整合，让知识统领行动，遇到的压力必然会少许多。同样

---

① 弗朗西斯·培根（1561—1626），英国文艺复兴时期最重要的散文作家、哲学家。他不但在文学、哲学上多有建树，在自然科学领域里，也取得了重大成就。

对产生紧张情绪的环境进行改善或逃离，降低情绪的受困概率，增加排解释放压力的渠道，从而将情绪调整到正常状态。

二、愤怒管理

人为什么会愤怒？这首先是一个人的认知层次问题，是在我们不理解或者不能正确解读一件事的本相时，所产生的一种情绪反应。不幸的是，在很多情况下，往往是因为我们缺少解读事物本相的知识和经验，从而在为这种无知进行自我辩解的情绪怂恿下而寻找台阶释放的结果。在这里，理性的分析已经让位于感性的冲动。无知的人往往习惯于迁怒于人。

更深入地分析，愤怒是在自己认知、伦理、地位三个层面中任何一个层面受到挑战后的一种情绪反应。

（第37个三角形）

愤怒，可能是因为你对对方不了解，或者对方的不尊重行为对你的认知进行了挑战。例如，两夫妻教导小孩方法不同，是因为各自的认知不同，常常就会愤怒、吵架。

另一种愤怒来自于伦理层面。伦理是从概念角度上对道德现象的哲学思考，是人与人以及人与自然的关系和处理这些关系的规则。如："天地君亲师"为五天伦；又如：君臣、父子、兄弟、夫妻、朋友为五人伦。忠、孝、悌、忍、信为处理人伦的规则。伦理常被看作一种约定俗成的道德规则。这种道德规则已经深入人心并影响着人们的行为，如果出现违背这种规则的行为，通常被认为是一种冒犯，这无疑触犯了人们一贯认为正确的思维，必定会引起反感和愤怒。

愤怒还可能来自地位的被威胁。地位处于被威胁、被亵渎、被挑战、被冒犯之中，这是因为自己感觉到一向为人尊崇的地位被剥离了威严的金箔。这种愤怒常见于以官本位为主导的政治体系中，当权力被摆上神的位置，受人顶礼膜拜的时候，一句不合时宜的话都有可能引起别人的愤怒。

愤怒的集聚是逐步的，它的宣泄也是渐渐而去的。愤怒养育往往是灾祸的，因为愤怒使人处于一种癫狂的状态，因此，如何进行愤怒管理就显得十分重要。我们每个人在面对工作以及周围的关系时，都要去管理这种情绪，更重要的是不要让自己的言行引起别人的愤怒。

人们通常是通过理性诉求去表达内心的情绪，当理性豁然彻亮的时候，穿行身心的烦忧就纷纷跌落了。认知在无数次刷新之后会给人一个最清晰的明理，理性会再次轻抚那个在现实面前时而冷峻积重的灵魂，心静下来的时候，愤怒自然就消退得无影无踪，理性往往不战而胜！

认知，是你已知道这件事情，他不知道、不自知就是无知。你知道他这样做是错的，但他非要那样做，因为他的无知来源于不自知。他不听你的话就是不知道自己缺什么，他听你的话意味着自知，你和他的位置换位也同理。一个人为了表明自己高度"知道"而用愤怒的情绪强调自己的认知，他只是想通过这种方式让对方接受他自己的认知，并屡试不爽，所以他的愤怒就因此而有了市场。但这不过是自知的极端表现形式，本质上却是一种自知中的无知。

除非你想清楚了，除非你想要承担责任，否则不要轻易地挑战伦理。伦理意味着秩序，伦理也意味着责任担当。权力，是基于责任的身份优势、血统优势、财富优势，它的本质体现为维持秩序的伦理，保护优越感不被挑战。挑战伦理，实际上是向对方的位置、空间、时间、资格、资历等宣战，挑战伦理关系就意味着相应的责任担当。

权力通常与上级授权、学识地位、能力等相伴随。因此要注意在给领导提意见时的方式方法。比如，你的上一级，他们能够当上经理，是以学识、阅历为基础的，大家不要挑战他的地位，别人的地位是经过付出代价而获得的。对地位的挑战就是对其过去所付出代价的怀疑，因此，势必会引发对方的愤怒。

人们通常都很讨厌那些不懂行或者一知半解的人来指手画脚，他们没有兴趣去辨析对他指手画脚的人是不是真的一知半解，但是他们的潜意识里一定是愿意或者倾向于认为他是一知半解的。比如，在我的专业领域内，我不喜欢其他外行的人发表指责性观点，这样我觉得很不受尊重，因此会引发我的愤怒。

我们要对比我们地位高的人有敬畏和服从意识，因为他们比我们承担了更多的责任，他们有权力有责任作出一些决定，我们不应该对他们的管理抱有抗拒情绪，否则就会引发对方的愤怒。我们在公司管理中可以挑战事情，但不能针对人去发起挑战，特别是上级领导。

三、知己知彼

在太阳神阿波罗神殿上，铭刻着一句非常著名的句子："认识你自己。"所谓"知己知彼，百战不殆"，个人修炼与个人成长，首要的任务是"认识自己"，这其中的重要性是毋庸置疑的。关键问题是我们经常不能正确认识自己，尤其可怕的是我们经常自己疏远自己，因而常常让一个错位的"我"在人性的阴暗面粉墨登场，以至于我们在纷繁嘈杂的物质环境里迷失自己，看不见他人，也使真实的"我"不为人所见。其实我们的心从没有停止过跳动，心跳动的声音是生命的天籁，是在叩响进取之门。"谁在敲门？"哲学家经常会问，正如波斯神秘主义者的寓言那样，那个声音在外面这样回答："是你自己！"如果那个声音是我们自己，那么我们的人生必定会是幸运的，因为我们终于找到了自己。

（第38个三角形）

没有定位就不会有位置，适合地把自己放在对的位置，便是自知。经常有人说，上天是公平的，他给你这方面的优点，就必定在另一方面让你有所欠缺。从科学角度来说，人的天分存在着相生相克的问题，就像一块跷跷板，一端升起，另一端就降下。

人生规划，难就难在往往很难准确发现自己到底具备哪方面的天赋。所以，尽早发现自己的天赋，顺从自己的天赋而为，成功就会离你更近，否则，你就是在与别人进行不公平的竞争。

要"百战不殆"，同样重要的还有"知彼"的一面。知彼，也就是了解自己之外的东西，不仅指存在竞争关系的人，还有环境和物质资源等也包括其中。了解他人，了解环境与物质条件的有利与不利，比较自己的擅长与不足，哪些是应该需要重视和考虑的，这些都需要我们睁大双眼，仔细看清楚。

例如，中国人喜欢打麻将，日本人喜欢下围棋，美国人喜欢打桥牌。中国人是打麻将的民族：顾着自己、盯着上家、拖死下家、拉住对家。日本人是下围棋的民族：挖空心思占地盘、善于博弈、暗藏杀机、富有耐性。美国人是打桥牌的民族：只有伙伴关系、对家关系、竞争关系。

例如，在企业发展过程中，我们需要了解竞争对手，分析同行，同时还要了解市场的发展趋势以及各自掌握的资源和物质条件等影响因素。

在销售中的"知彼"同样重要，更是成交的关键。例如，在楼房的销售中，我们有时不能搞错销售和公关的对象：付钱的是丈夫，决定购买的是妻子，父母关心风水和便利性，儿女还有其他的需求；也不能忽略"彼"当中的环境和物质因素：房子的外部功能、环境因素和购房者的购买能力等。

"审知彼己强弱利害之势，虽百战实无危殆也"，知己知彼是决策前所必需要做的一项重要工作，不可忽略和轻视。

四、荣誉管理

这里有必要分析一下组织荣誉与跟个人荣誉之间的关系。"执簪如组"（《吕氏春秋·先己》）说明一个组织必有一个"执簪"者，"经纬相交，织作布帛"，这句话说明组织的架构就像一块布帛一样由经线和纬线交织而成。

如果我们把"执簪者"看作发起人，把经线和纬线分别看作创始人和创造人，那么把这三种人的智慧、情感、仁德、创造、价值、成就等元素交织在一起而形成的社会总观感和肯定，就构成了组织荣誉。

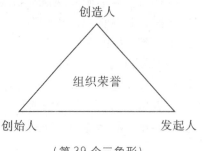

（第39个三角形）

个人荣誉是组织对一个人的肯定和褒扬。个人荣誉体现了一个人在组织中的贡献，个人荣誉能够恰当地反映出一个人的整体精神面貌，比如组织发起人的智慧和胆识，创始人的仁德与号召力，创造人锐意进取的精神，等等。这里我们可以看出，组织荣誉正是由诸多的个人荣誉交织构成的，每个人的个人荣誉都必须服从于组织荣誉的需要。离开组织荣誉，个人荣誉就是无源之水，无本之木，失去了存在的价值和意义，懂得个人荣誉与组织荣誉之间的关系，才能摆正自己的位置，共同维护组织荣誉，才能平衡"做事"和"做人"的关系。

对于大多数人来说，"大胆"与"小心"需要同时运用——这就是大胆做事，小心做人。同时也是组织中最为关键的三类人，也就是发起人、创始人、创造人，他们所必需领悟的生存与发展的哲学。

发起人是智者，智在一开始仅是一个人或几个人的想法，这个想法一旦在经过深思熟虑之后提出来，立即得到更多人的积极响应，这就让曾经稚嫩的想法在一群志同道合者的悉心培养下慢慢长大。这是智者的人格魅力，更是一种气魄。试想如果不是大胆做事的勇气，何来一呼百应？当然，发起的过程中会有很多不稳定的因素，如个别人的质疑，这时便需要小心为人，克制升腾的火气，谨慎而得体地处理好萌发的事端，防止它成为隐藏着的导火索。

创始人是仁者，仁在德怀仰止，景行行止。可以容纳发起人与群众多方不同的意见，加以提纯和吸取，同时又有着自己更为精妙的想法，在不断完善的过程中，召之以道，晓之以理，动之以利，大胆地培育创始过程中需要并肩而行的"开国元勋"，同时也以德怀感化他人的锋芒，从而达到成熟而圆润的组织状态，共同开拓事业。

创造人是做事的人，事有巨细繁杂之分。如何能在这纷乱如丝线般痴缠中理清头绪，找出事情最重要的节点并把它做好，是人们一直努力的目标。创造需要灵感火花，更需要锐意进取，不可以缩手缩脚，需要创造人大胆做事，找对方向，著手成春，一战而胜。在创造的完善阶段，需要的不仅是个体的智慧，"小心做人"便成了此时需要遵循的法宝。

大胆做事，才能自信地描绘企业辉煌的未来蓝图；小心做人，方可织就身边完善而和谐的人际关系网。

发起人是智者，创始人是仁者，创造人是事者，三者是组织中最为重要的部分，构成一个稳固的三角形的三边三角。三者缺一不可，从而造就组织的荣誉。

别人不信任自己是必然的，别人处处盯梢是正常的。自己唯一能做的就是做人做事对每个细节处的拿捏，小事的累加是大事。小处看性情，小节看品德，大胆做事，小心做人。低调做人但不沉默，高调做事但不张扬。"大胆做事，小心做人"，是需要我们不断领悟和不断体味的人生箴言。

在同事之中，人与人之间的交往过程很多受时间、情感所困，以至于信任和胜任、做坏事和做错事纠结不清。由于信任的前提是以胜任为基础的。被信任是一份责任，胜任是能力的体现。做人做事对每个细节处的拿捏适度，这是能力。注重小事，诸多小事的累加，终可成大事。能成事者方为胜任者，愿意把一件事托付给你是胜任者。

自己是渺小的，宏思宽宥，谨言慎行。功劳让于人，多承担错误和责任。分忧、分担、承担、贴心是信任者和胜任者间互为欣赏、互为珍惜最为重要的文化纽带，这种文化就是组织荣誉和集体精神。

本章小结

我特别喜欢作家史铁生的一段话:"一个人,出生了,这就不再是一个可以辩论的问题,而只是上帝交给他的一个事实;上帝在交给我们这个事实的时候,已经顺便保证了它的结果,所以死是一件不必急于求成的事,死是一个必然会降临的节日。……我在这园子里坐着,我听见园神告诉我:每一个有激情的演员都难免是一个人质。每一个懂得欣赏的观众都巧妙地粉碎了一场阴谋。每一个乏味的演员都是因为他老以为这戏剧与自己无关。每一个倒霉的观众都是因为他总是坐得离舞台太近了。"(史铁生:《我与地坛》)我想每个人读完这句话,必定心静如水了。这段对死亡的体验和对生命的顿悟安抚了我们原本浮躁的心,让我们能够静下心来,认真雕琢人性中的自我,坦荡对待生命中的成功与失败,认真检讨个人行为准则,只有这样的人,才有资格成功。

成功是人生的巅峰状态。成功在未实现之前,是理想和欲望的混合体,人在成功的路上时,常用理想来描绘成功的状态,常用欲望来鞭策自己。我们无法疏离尘世,最好的安慰自己的办法就是让自己在尘世中修炼得更加质朴,面对压力,面对挫败,面对祸迷,面对挑战,我们要修炼成一本管理自我的书,只有这样,掩藏在纷繁尘世中的自我,才会返璞归真、随遇而安。

中 企业管理篇

▲ 第四章 企业组织结构的三角形态
▲ 第五章 企业管理方略的三角形态

君
臣
吏

第四章 企业组织结构的三角形态

"我们都下海吧！"这是1984年的流行语。至此之后，公司形式的经济体便集束式地诞生了。后来，人们将1984年称之为中国现代公司元年。很多人都是在这一年按捺不住内心的激情，一把摔碎铁饭碗，一头扑向商海，用激情、开放、智慧、胆识、气魄、果敢、开拓、改革、心血、汗水等时代词汇做命运的音符，谱写了一曲动人心弦、悲喜交集的交响曲。

然而，许多公司均难逃驰骋一时、显赫一时，在商海中悄然销声匿迹的命运。是什么原因促成了企业无力回天的大败局？是什么原因形成了一个公司的兴衰周期？是产品周期还是其他因素？兴衰周期论已经成为一些人为败局开脱的共同口实，他们一致认为没有永远繁荣兴旺的企业，就像没有永久不衰的产品一样，产品存在周期性，企业也必定存在周期性。我觉得这个论调相对牵强，产品周期本身就是可以通过更新换代、开发研制新产品来解决的，不应该成为企业寿命的绝对影响因素。我们都知道1886年纽约图书馆推销员大卫·麦可尼在推销莎士比亚选集时惊喜地发现，他随书赠送的香水备受顾客青睐，于是他用莎士比亚故乡的一条河的名字"Avon"（雅芳）给他的香水命名，创建了雅芳公司，一百多年过去了，公司依然兴旺不衰。这样的例子比比皆是，与其同一年诞生的"可口可乐"至今依然是"可口可乐"，我们周边的许多百年老店已经成为无形资产不菲的招牌。对此我想说，一个企业的生命只与两个因素有着生死契约：一个是政治，另一个是公司自身的组成要素：人、财、物。

企业家的信仰和意志往往会构成企业的性格。领导者的本事往往决定了企业文化的厚度。现代企业有一整套权、责、利三者之间相互制约的架构，这就是董事会，是企业高层的决策团队，每位董事的个人价值都会摆放在最显眼的地方，这是一个具有充分民主意味的权利组合。每位董事都会以身后的资本份额来计量权利，不遗余力地为摆在眼前或可预见的利益贡献自己的智慧。按理说这种利益共同体应该不存在矛盾或者嫌隙，而现实中却恰恰相反，很多问题都出在这个所谓的利益共同体之中。员工出问题了可以教育，可以解聘，但是拥有权力和利益的董事出现问题就不好办了，董事会内部出现问题不亚于一个企业患上了绝症。因此，灌输公司中的伦理价值就显得尤为重要了，因此，我在这里用一系列的三角形来阐述企业组织结构中的价值体系，并把它之称为企业组织结构中的三角形价值体系。

第一节　公司财物要素的三角形态

一、公司的基本三元素

从最基本的层面来说，公司的构成元素十分简单：人、财、物。任何一个经济体只要具备了人、财、物三要素，都可以组成公司。不过，公司的组成要素看似简单，但是，每个要素所承载的内涵却因为要素自身性质的复杂性而不简单了。

人，是汉字里面笔画简单的一个字，却是最不好书写的。这个能够承载各种灵魂的概念，在宗教中被认为与神圣的力量存在有关。无数的哲学家穷尽一生的精力，去探索人性的本真问题，最后还是在迷离和复杂的人性面前留下思想的喟叹：人是尘世间最复杂的动物，因为人有着复杂的思想。

同样有着复杂背景的还有财和物。财的复杂性在于它是公司的流动血液，一个公司的正常运转就是血液健康，血液的各项指标均未见异常，这就像公司的现金流，一旦出现栓塞，无异于得了血液病，那么企业也就病入膏肓了。物是一个公司的机体，物的规模决定了这个机体的立体形象，过大或者过小都不能与人和财匹配，那么必定会存在运营上的困难，就像一个贫血的巨人，总有一天会丧失机体的功能。

（第40个三角形）

人是根本，公司需要有人来管理，有人来做事，有人来料理，人就成为公司组成的最基本因素之一。以人为本才能体现出公司的整体素质，同样人性化的商业模式才是最迎合客户需要的。

财是后盾，公司不论是从运营管理上还是培养人才上，都需要有足够的财力为之作后盾。财务管理不是简单的会计出纳问题，而是涵盖了财务规划、财务设计、财务执行、财务安全、财务保管、财务投融资等。

物是条件，公司在发展过程中，所有的固定资产或者工厂里的原材料、半成品、成品等都是物质的体现，它也是公司发展过程里不可或缺的。

人、财、物组成了公司最基本的三元素，它们之间有着密切的关联：人力的付出，得到金钱的回报；投入人力、物力生产产品，通过销售创造更多的利润。如此周而复始，良性循环，才能促进企业健康的发展。

◆ 二、资本的类型

我这里把企业资本分为有形资本和无形资本。除了经济资本可以用货币单位来计算之外，文化资本和社会资本往往是无形的，可以估算却不可以准确地计算。但是，文化资本和社会资本在一定的条件下却可以很快转化为经济资本。文化资本和社会资本是先转化为企业的无形资产，然后再发挥其生产力，转化为经济资本的。在经济学领域，资本是生产的基本要素，而在企业管理学领域，资本应该是一个企业软实力和硬实力的综合指标。一个企业只有经济资本是远远不够的。企业的文化资本作为根植于企业制度之中的一种理念，它是企业员工精神面貌的真实写照，是企业社会良心和企业核心价值观的文化表述。很多时候，文化资本决定了一个企业的高度和厚度；社会资本是一种资源型资本，一个企业的社会资本决定了这个企业的宽度和长度。

我认为资源大体上分为两大类：自然资源、社会资源。而企业资源指这个企业拥有的经济资本、社会资本以及文化资本。

企业的资源要想丰富，经济资本少不了，首先你得有钱。有句话说得好，钱不是万能的，但没有钱是万万不能的，只有经济资本强大了，你才可以去开发，去研究，去增加更多的社会资本和文化资本，才可以使资源

(第41个三角形)

不断地丰富,所以不管是物质资源还是人力资源,只要经济资本提高了,才能使企业茁壮成长。

其次,还有企业的社会资本。经济资本提高了社会资本也会随之提高。企业的社会资本取决于企业社会资源的丰富与否,包括了企业社会关系以及企业所能负担的社会责任。厚实的社会资本可以使企业立于不败之地,它可以迅速转化为经济资本。企业的社会资本与企业的文化资本有交叉的部分,例如公众的知名度和美誉度等。

企业的文化资本包含了企业的文化、企业的商业模式、运营管理、品牌、产品工具、客户载体,等等。企业的文化资本是企业精神层面的资源,是企业的旗帜和灵魂,也是一个企业的向心力和凝聚力所在。

所谓一流的企业做文化,可见企业的文化资本在企业发展中的重要性,企业的文化资本是企业资本中不可或缺的一部分。一个企业缺少文化资本等于缺少企业精神、缺少企业灵魂。只有文化资本提升了,企业的经济资本和社会资本才能源源不断地丰富起来。

三、资本的维度

资本的维度,在这里指的是资本的空间关系。从发展的角度看,现代企业的资本构成呈愈来愈多元化的态势。

作为一种通过一定的行为能够带来更多回报的资源,人们对资本的认识也是有一个不断深入、递进的过程的。人们最早关注的是物质资源(自然资源),强调货币资本的积累,以推动经济增长和物质财富的创造,但后来发现仅仅从人们拥有的物质资料和经济要素并不能全部解释其所获得的回报,于是,人们开始关注技术,并且更为看重人力资源开发,强调人力资本的投资,指出个人的知识、技能、所受教育程度,乃至身体健康水平都会产生追加的经济价值从而增加回报。然而,局限于物质资本和人力资本,显然仍然不能完整地解释所获取的全部回报,因此,再到后来人们认识到除了个人(组织)所拥有的物质资本和人力资本之外,在行动中还可以借助与使用嵌入在社会结构中的社会资源,以获得更多利益回报,并可能节省为赢利而投入的物质与人力资本的数量。由此,以网络、信任、合作、信息、共享、互惠等形式存在的社会资源越来越受到重视,并体现出资本的功能。因此,理解资本的维度,不能片面地看成经济因素,还应该将经济因素、文化因素以及社会因素结合在一起综合考虑。通常而言,资本维度可以从资本总量、资本构成、资本轨迹三方面来定位。

(第42个三角形)

首先,资本总量囊括经济资本、文化资本以及社会资本。经济资本多以货币形式表现;而文化资本则指文化修养,是一种内化的精神层面。可以清楚地看到,这是一种从物质层面到象征层面的升华。

其次,资本构成。资本构成在社会人力资本上可垂直划分三类:普通阶级、中层阶级、支配阶级。其中,每一类也可根据构成比例分为不同阶层。其中,每一类阶层都有自己的生活处境、消费习惯。处于不同阶级的消费者和处于同一阶级的不同阶层的消费者,其消费品位是不同的。

资本轨迹、个体累积资本是建立在社会化的轨迹之中的。资本轨迹对发展过程发挥着举足轻重的作用。资本轨迹记录着各阶层的发展趋势,这是因为资本总量和资本构成会随着资本轨迹的变化而变化。

资本总量、资本构成以及资本轨迹共同构建了资本维度。企业利用资本维度去寻找发展手段，不仅需要考虑到资本总量、资本构成、资本轨迹三者之间的联系，也要考虑阶级成员的消费行为和生活方式。只有这样，企业的资本维度才会在一个科学的结构范畴之内，才能为企业的发展提供资本保障。

从企业经营的角度来说，现代企业不但要研究资本的运行轨迹，更重要的是使资本构成的维度多元化。一个企业的资本构成情况直接地体现了这个企业的资本状况，企业的资本状况就是企业资本维度，企业的资本维度能够反映出这个企业的资本总量以及资本构成情况和资本运行轨迹。而企业资本构成多元化正是企业资本维度多点位的体现，企业资本维度多出一个点位，说明企业在管理以及社会资源等方面开拓了新的资本融入渠道，直接地反映了一个企业的发展态势。

四、财务管理

"你不理财，财不理你！"这句话说明财务管理是企业和个人在确定了一个整体目标之后的必修课。在经营中也好，在生活中也好，如何处理好资产、资本、资源、现金货币、收益的关系，是一个大的学问。我们常说："吃不穷，穿不穷，算计不到要受穷！"这说明资产的购置（投资）、资本的融通（筹资）和经营中现金流量（营运资金），以及利润分配的管理，是一个完整的财务管理体系。这个体系可以用最简单的三个管理中的节点来表示，这就是：挣钱—赚钱—花钱。这个简单的三角形蕴含了开源与节流的大道理。

在这个三角形中，理财处于顶点的位置。理财做得好，就可以让挣钱拓宽路子，让花钱更有价值，理财的本身就是赚钱的过程，如果理财真正实现了赚钱这一整体目标，那就是财务管理的真正意义所在。

花钱、挣钱与理财，是财务管理的三个关键词，如何正确处理三者间的关系，是一个企业在财务管理中必须掌握的哲学。

首先是挣钱，这是智慧与技术兼顾的谋生态度。挣钱要想着法子"开源"。挣钱是通过辛勤的劳动和拼搏而获得的回报。

对个人而言，辛苦劳动和拼搏，是为了提升个人生活质量，获得更

(第43个三角形)

多、更好的愉悦体验；对企业而言，挣钱关乎公司存亡，乃至整个行业的兴衰成败。挣钱是无数个人和企业的核心追求，"君子爱财，取之有道"，合法、合理地挣钱，是最基本的原则，也是企业发展源远流长的生存之本。

其次是花钱，这是辛苦努力后终于迎来的可供支配或享受。在这里花钱还包含了投资花钱、采购花钱……不是简单的消费概念。花钱时要"节流"，在企业理财中，相对于挣钱，花钱的变数更多，数目的多少更是难以掌控，应得到足够的重视。面对繁杂的支出项目，需要严谨的计划性支付和消费。判断支付的优先顺序，把钱花到刀刃上，花钱其实是一种能力、一种艺术，要知道，会花钱，才能更好地挣钱。

理财赚钱，是另一种意义上的挣钱和花钱。养成记账习惯，建立目标并执行，维护个人信用，企业、家庭、个人的资产投资的科学配置，做好投资对冲的风险防患机制，观点流、人流、物流的合理运用，扩大可支配的资本和资源，赚取智慧性的经济回报。管理财富，盘活资金，关注投资和风险管理，培养超前投入观念，保持持有意识，则是企业经营管理中的关键。理财，是一种生存方式，也是一种人生境界。科学的理财，往往会让你获得艺术的操纵感，你不但会获得财富，最重要的是获得成功的乐趣和精神的慰藉。

五、税务管理

税务管理水平不但能够体现一个企业以及企业管理人员的税收意识，

而且能够评判一个企业的社会责任意识的强弱。税法是国家与纳税人之间征收和缴纳税收方面的权利与义务关系的法律规范,也是国家向纳税人征税的法律依据。任何一个国家都是通过法律来调节、规范纳税行为的,是具有强制性的硬性约束。在西方国家,平常很少看到税务局进行专门的税收宣传活动。然而,在日常生活中税收活动却几乎无处不在:领工资要缴税,购物要缴税,到餐馆吃饭要缴税,甚至到停车场停车也要缴税。税收涉及千家万户的切身利益,所以美国人特别关心税制的变化。如果每个公民都关心税制的变化,那就说明税务管理水平已经达到了很高的层次。而作为一个企业,税务管理水平和税务管理常态化已经成为衡量企业管理水平的一个标志。

(第 44 个三角形)

税务管理一直以来都是作为企业管理的一项至关重要的项目。加强税务管理应从账目管理、业绩策划和税额分配这些方面进行分析统筹总结。造成企业存在税务不合理和税收风险的原因有:

(1) 领导在决策时不考虑税,决策层税务知识和税务管理意识欠缺。

(2) 业务人员做业务时侧重谈判的成功率而忽略税务成分,以至于签合同也不考虑税项。

(3) 财务在交税时没人监管,导致了税收在企业是真空地带,给公司造成巨大的税收风险,这是产生税收风险的主要根源。

合同决定业务过程,业务过程产生税,只有加强业务过程的税收管理,才能真正规避税收风险。

税怎么交不是看账怎么做,而要看业务怎么做。

企业要发展就必须用税收手段来经营,用税收手段管理企业。

业务部门应该将税务纳入业务范畴，不可以随意写合同，合同不可以随意签，要给税收和税务解决方案一个提前量。因而，税收出现问题不应该仅仅是财务部门来处理。

没有业务部门做业务，财务部门做什么账？税收是业务部分产生的，财务只是个核算并交税的环节。

由此，我们知道，要加强企业的管理，必须着重提高更多人的纳税意识，培养大家的税法意识，再通过一些合理的税务规划方法，例如合同决定业务的过程，业务过程产生税，以此来达到提高企业税务管理水平的目的，真正地规避税收风险。

什么叫做偷税？它指的就是如果业务部门不按照税法的规定去做业务、签合同等，出现了问题或产生了税收结果不合理不科学以后，让财务部门来解决来处理，在这个过程中，财务部门只能通过做假账来解决问题，来掩盖前面的业务过程，以此减少交税的明细，这就叫偷税。要减少偷税现象的发生，企业必须设置高效的税务管理机构，配备专业管理人员。税务专业人员的作用有以下方面：

（1）作为企业管理层的参谋，为领导决策提供税务数据以及税法知识依据。

（2）对业务流程进行监管并提供合法避税方案。

（3）监管财务交税。不能听税务局个别人怎么说交税，要听国家政策、文件怎么说，依法纳税既遵守国家法律又合法保护了企业的权益。

企业要发展就必须用税收手段来经营业绩，用税收手段管理企业账目。税收是随着业务的发生而产生的，财务只是个核算并交税的环节。所以要提高企业业绩，业务部门签订合同，财务部门处理税收，通过这样的途径合理规避风险，实现合理交税。

税不是算出来、编出来的，而是在业务过程中做出来的，税发生在业务过程而不是生意结束后的臆造数据。

重视合同的管理，包含重视合同的税务管理。

六、税收风险管理

任何国家的税法都是刚性的，但是很少有人谈及税法的人性，其实税法的人性化程度往往高于其他法规。因为制定税法的人一定懂得放水养鱼、借鸡生蛋的理论。因而政府在设计各项税负的时候，根据不同地区、不同行业、不同所有制形式、不同从业群体等情况，设计了不同的税基、税种和税率。这就给企业科学地利用政策、合理地规避税务风险提供了法律依据。因而，一个企业要及时梳理业务的涉税情况，及时、科学、准确地寻找法律依据并核算，为决策提供切实可行的科学依据，这才是税务规避所应该做的工作。

（第45个三角形）

企业存在的税收风险主要有以下三大环节：一是老板决策产生的税收风险；二是业务部门做业务产生的税收风险；三是财务核算与交税产生的税收风险。

首先，老板决策产生的税收风险。现在很多企业老板都有这种观念：营销为公司赚了钱是销售部门的本职工作，财务为公司省钱是财务的本职工作。但客观事实是公司的发展、业务的开拓以及合同的签订都是老板拿定主意。老板自己的决策将会产生税收风险，以为税收应是财务部门处理的问题。实则不然，老板只看到了税收的交纳过程，而忽视了税收的产生过程，这两者之间后者是关键，且这关键往往是与企业老板的决策有很大关系的。所以，企业老板担负着税务风险至关重要的角色。

其次，业务部门做业务产生的税收风险。乍一听，大家都觉得很奇怪，业务部门怎么会产生税收风险呢？业务部门的主要工作不就是搞好经营，为公司创收吗？其实税务从业务开始就已经开始了，合同决定业务过程，业务过程产生税，合同又是业务部门的最直接业绩指标。因此，业务部门是税收产生最基础的部门，其在创收的过程中也带来税收的风险。所以只有加强业务过程的税务知识学习，加强税务意识，重视业务合同的项目表述和条款设置执行条件。这样才能真正规避税收风险。

最后，财务核算与交税产生的税收风险。财务部门是监管部门，通过财务分析来发现其他业务部门存在的税务方面的问题，并制定相应的管理措施，使企业能更好地利用资金，有效地控制费用，避免损失，规避风险。但是问题是，倘若财务部门本身就已经是问题部门了呢？例如财务核算的方法存在问题等，但企业中又没有相应的审计部门来制衡，这就会造成税收风险，也有可能造成巨大的财产流失。一要有一个清晰的头脑，决策要科学，每个决定都要充分考虑税务风险。二要制定科学的税务管理体系，做到依法纳税，依法避税，该交的一定要交，不该交的要有法律依据。三是规范企业税务管理机制，这里既有税务核算机制，也有税收风险管理机制，做到核算及时合理，纳税有法可依，避税有法可循。只有这样才能有效地规避税务风险。

因此，科学地税务规避体现在业务、财务、领导决策三个方面共同制定合理的机制和运作方式，互相作用、互相支持和制约才能实现纳税的合理科学。

第二节 公司领导层的三角形态

一、董事会

董事会是现代企业的一种权力架构,这种权力架构最科学之处在于责、权、利明晰,实现了现代企业职业化的流程管理。民主机制决策下的权力、责任、利益在相互制约下形成一个完整的三角形态,对企业的经营和发展提供了制度性的保障,让责、权、利三者关系结合得更加紧密,一损俱损,一荣俱荣。这样从企业组织架构上规避了权力的真空和失控,一定程度上避免了责任旁落和利益失衡。

(第46个三角形)

责、权、利是辩证统一的。责任、权力、利益既要互为条件,又要统一。责任的承担者既是权利的拥有者,又是利益的享受者。没有不负责任的权力,也没有无权力的责任,权力和责任往往是一对双胞胎,有多大的权力,就有多大的责任。

例如在董事会中,"权力"是可以分为两个部分的:约束自身的部分和下放给下属权力的部分。董事会作为企业的最高机构,拥有公司所有权、经营委托权、契约控制权、管理授予权,其目的是形成严格的内部监督体系,明确管理层的职责权限,并形成一套健全的组织框架。同时,权力下放也是提升员工忠诚度的手段,权力下放,其本质是加强员工主人翁意识，将团队的力量发挥到最大化。

董事会中的"利"，包括确保自身利益部分和分享分配他人部分。资产增值、分红等是自身利益部分。董事会制定的有效的激励机制，如职务晋升、福利津贴、期权、岗位薪资、提成分红等都是分享分配他人部分。利益分配既要确保自身利益又能够激励优秀的员工，是一种激励机制。

董事会中的"责"。董事会作为企业领导决策层，首先要有承担责任的能力，就是对自己负责，对整个团队负责，有勇于担责的能力和实力。其次是分解责任的能力。要让员工清楚，企业是一个团队，需要各个部门的配合，需要每一名员工的配合。试想，如果每一个人只懂得推卸责任，而非直面问题所在，企业长远发展又该从何谈起？

责、权、利三者缺一不可。责任的出发点是权，落脚点是利，以责定权，以责定利，离开了责任，权力变得苍白，当然，利益更无从谈起了。

二、首席执行官（CEO）

现代管理学之父彼得·德鲁克曾说："首先要说的是，CEO 要承担责任，而不是权力。你不能用工作所具有的权力来界定工作，而只能用你对这项工作所产生的结果来界定。CEO 要对组织的使命和行动以及价值观和结果负责。"CEO 是企业掌舵人的英文简称，也是尊称，在中国，还有一个简洁明了的称谓：老板。从称谓上理解，CEO 是一种权力的化身，但彼得·德鲁克将其内涵从权力过渡到责任和义务，无疑颠覆了 CEO 在许多人心目中的固有形象，尤其是让 CEO 对自身的权力、责任、义务有了更加清晰的认识。首先他明确了 CEO 的职责是以责任为重，而不是侧重权力。权力衍生的责任与责任所需的权力，两者之间有着本质的区别。在责任概念里，权力往往是一种担当，一个合格的 CEO 肯定是把责任放在第一位的。

"一个企业的 CEO 和一个国家的领导人一样，不同时期需要不同风格的 CEO 和领导人。"[①] 这句话暗含的结果是：有什么样的 CEO 就有什么样的企业。CEO 的影响力直接反映在企业的效益、企业文化、企业发

---

① 刘克丽：《更换 CEO 原则发现：叛逆上届》，《每周电脑报》2006 年第 8 期。

展愿景以及员工和股东的福祉上。因为 CEO 的职责包括了一切事务，尤其是在初创企业。CEO 要为企业的成败负责。企业的运营、市场营销、销售、战略、财务、文化、人力资源、公关等，都需要 CEO 一肩挑。CEO 的知人善用、市场决策以及分析、管理、创造等能力，对企业的发展有着十分重要的作用。一个合格的 CEO 必定在三个方面具有超出常人的气魄以及远见卓识，这就是兼顾信、资、财的能力，如此，才可能是一个优秀合格的 CEO。

(第 47 个三角形)

首先是"信"，信任是双方的，包括可信以及可授信。在企业中，并不是单纯的一个 CEO 起着决策作用，董事会制定的企业发展战略能否被认可、能否被执行，其中与 CEO 的能力有重要的关系。团队的领导者 CEO 的能力如何，能否给企业带来利润，能否给员工带来安全感，是信任的主要来源；而可授信能力的核心价值包括了员工和产品在外受尊重、企业内部安宁、公司资产和遗产的文化管理。

其次，CEO 在"资"方面的能力。CEO 必须具有资本运作能力以及资源整合能力。怎样整合有限的资源以期获得利润最大化，是考验 CEO 的资本运作能力以及资源整合能力的一项重要指标。资金是企业发展的必需条件和基础，资源是企业发展的充分条件和保证，CEO 对资本的运作能力是素质，对资源的整合能力是水平。

最后，CEO 在"财"方面的能力，即管理和创造财富的能力。制定企业的发展规划以及利用企业资源做出的投资决策等，都是管理和创造企业财富的能力。

一个成功的 CEO，想要企业走得更远，必须要懂得信、财、资三者的关系，具备驾驭三方面的能力，在这个基础上去构建一支团队，这样才能使企业走上可持续发展的道路。

三、领导者信仰和意志

领导者是企业的灵魂，领导者的信仰和意志能够反映出企业承担的社会责任和企业的核心价值。领导者的社会责任感，与企业的成功有着重要的关系，领导者的信仰和意志决定了企业的高度和长度。有信仰未必能成大事，但是没有信仰注定一事无成。对于一个企业家来说，信仰和意志是一种行动力，是灵与肉同向而行之后产生的心力，如果灵魂向左，肉体向右，那么这个企业家必定会心力交瘁，力不从心，企业的发展也不会长远。因此，一个企业家的信仰和意志往往就是这个企业的精神名片。

（第48个三角形）

首先，领导者的身体素质和体魄，有助于形成正确的信仰和意志以及正确向上的人生观、世界观、价值观。反映在道德层面来说，尤其是宗教的信仰以及伦理方面，好的企业的发展往往来源于一种好的风气，不是事事都通过法律这个底线来解决的，不触碰道德底线是英明的选择，只有当领导与下属互相尊重时，才能创造出良好的团队风气，引领企业发展，企业才会走得更高更远。

企业领导者需要一个广阔的胸怀，而不是一味注重经济利益，忽视宽容和诚信。领导者的善良之举，是最为基本的同时也是最能温暖人心的行为。例如慈善事业，表现出的人文关怀令人动容，领导者的身体力行，塑造了良好的企业形象，表现了良好的道德观念。

领导者的信仰和意志的出发点是"心"。不因为环境的变化而出现心境的变化。所谓大气，包括胸怀、格局和付出三个方面。

有多大的胸怀，就能做多大的事。开放性的、没有固化的思维决定企业格局。无私分享，不以利益为导向，只要你无私付出，即使收获不到经济上的利益，但肯定能收获到真诚、友谊、感恩。

一个人的善良本质就是付出，最感人的善良付出行为是分享食物和分享知识。

信仰和意志的体现是"灵"。什么叫素质？别人不说你、不提醒你都能做到的行为就是素质。领导者的信仰和意志就是领导者素质的体现。

（1）领导者要有霸气。领导者的心理素质主要包括自信、必胜和担当三个方面。体现在有信心，勇往直前，乐观面对困难；无畏的前进，快速行动，对前途充满希望和果敢的奋斗精神；无私的承受，敢于承担，对责任和后果不推诿。

（2）领导者要有侠气。人有七情六欲，做到身体力行，有情有理；肝胆相照，坦诚相待，与人荣辱与共；刚柔并济，执事铁腕雷厉，不拘生活小节。

（3）领导者要有勇气。领导者要有胆量，有知识，有见识，勇于尝试和拼搏；要有"明知山有虎，偏向虎山行"的思想；有自己独特的见解，不能人云亦云，经常保持勇于挑战的态度，敢于亮剑的胆魄。

领导者是有情的，管理是无情的，制度是绝情的。如果管理中有情，那实质上就是阴险管理。但体现在方式方法上却很有讲究：领导者可以完美地展现有情，管理可以真诚地体现无情，但是制度却应该冷面绝情。制度是刚性的，因为，制度最终体现的是领导者的信仰和意志，它在一定程度上展示着领导者的精神世界和工作态度。

四、领导者的本事

一个企业到底需要领导者拥有什么样的本事，这个看似不是问题的问题，在企业发展中却十分重要。有一句话没有人不相信："领导者的本事有多大，企业就能做得有多大！"这样看来，"领导者的本事"还真是值得我们深入思考的问题了。毋庸置疑，领导者的本事就是企业的资本，并且是企业最有价值的无形资产。

领导者的本事是多种能力综合的总称，一个企业领导人只有单一的能力是远远不够的。比如一个领导人工作能力很强，但是缺少社交公关能力，那么他肯定不是一个合格的领导者；真正合格的领导者必须要具备方方面面的能力，领导者具备的才能越多，说明这个领导者的知识结构就越宽广，聪明的领导懂得通过调整知识结构、根据工作实际需要来权衡利弊，这就是通过算一看一做来增长自己的才能。

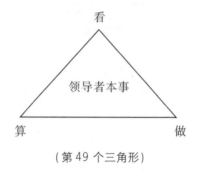

（第49个三角形）

领导者的才能，也就是我们常说的领导力，通常来讲，一个董事长的领导力体现为其前瞻能力，这就是：看别人看不到的地方，算别人算不清的账，做别人做不到的事。

本事一：董事长能看到别人看不到的地方。

首先要明白的是，何谓"看别人看不到的地方"？

作为企业的领头羊，董事长首先树立的是全局观。看待事物不能"一叶障目，不见泰山"。古人说："不谋全局者，不足以谋一域，不谋万事者，不足以谋一时"，就是这个道理。其次，一位优秀的董事长，他能够运用哲学上"相互联系"的观点客观地看问题，不仅能找出事物与周边事物的相互影响和相互作用，而且能找出事物内部诸要素间的相互影响和相互作用，这就是我们常说的用发展的眼光看问题。

本事二：董事长算别人算不清的账。

俗话说，算得清的账，那是财务做的事；算不清的账，才是董事长要做的事。一个董事长要算的算不清的账有很多：算时间未来，算合作伙伴，算是非善恶，算价值，趋利避祸是董事长算账的原则。

时间决定一件事的性质。董事长算时间，其实是要结合资金成本、人力成本，预估风险性和回报率。差之毫厘，谬之千里，冒险投资，激进冒进，很可能使企业蒙受损失。

本事三：董事长做别人做不到的事。

董事长做别人能得到的事，是能力；做别人做不到的事，是责任。董事长要做的事情有：未来、决策、人才、责任。董事长需要一手打造公司的正能量氛围。

我们可以这样理解：董事长管明天，想别人没想到的；总经理管今天，死死抓住眼前的；中层干部管昨天，彻彻底底把昨天的事做成今天的结果。

五、部门的责任制

现代企业管理机制是一种让管理者发挥自身效能的工作制度。现代企业在设计部门工作制度时充分考虑了管理的各个层次问题。这是现代企业管理体制中最具科学性和实用价值的部分，它解决了企业管理层"胡子眉毛一把抓"的混乱局面，规避了责权混淆，实现了权责明晰，做到了奖惩分明。

部门工作制中机构层次细分并不是分得越细越好，而是工作条例分得越细越好。层次太多，难免会出现"和尚多了没水喝"的局面，人浮于事的结果是会让企业的付出更多的管理成本，使得企业的效能低下，管理上出现的错误往往比生产环节出现的错误更难以纠正，所带来的危害也较大。因此，部门工作制的建构直接影响着企业效益。层次太少也不是什么好事情，难免会出现"顾头顾不了尾"的情况，一些企业为了节约管理成本，经常让一项专业性质十分突出的工作混淆在一个互不搭界的部门之中去代管，这会掩盖企业管理中的弊病和问题。它的结果就是难以向管理要效益。所以，在现代企业管理中最重要的事情是要在确定企业长远发展目标的基础上去设计部门工作制层次，而不是单纯地套用一些成功企业的管理模式。比如一个30人的企业就不需要像300人的企业那样设置许多中层部门，但是却需要像300人的企业一样设置CEO或者人力资源部门等。这是发展的需要而不是生产的需要，有时发展的需要优先于生产的需要。

　　世界著名的咨询公司——美国兰德公司的一项调查指出："世界上100家倒闭的大企业中，85%是因为企业管理者的决策不慎造成的。"可见企业管理的重要性。但是，如何科学地建构部门工作制呢？我想不外乎三个方面的因素，这就是高层管人和统筹全局，中层管事务，基层管技术，三者所成的系统就是部门工作制。

（第50个三角形）

　　公司的组成要素中涉及人、财、物。公司的组织结构也是层级管理的模式，笼统地说，有高层、中层、基层的管理人员。

　　在公司里面，高层管人和统筹全局：管人是指人才的筛选、培训、任用、激励，等等；统筹全局是看事、分析事、分配事。

　　中层管事务：彻彻底底地把作为任务的事情做出个结果来。

　　基层管技术：讲究方法、技巧、工艺、工具。

　　这样会避免交叉性的混乱和越位管理、职责不尽，避免有些部门或者部门管理者手伸得太长，去管不该他管的事情，同时也避免了推脱责任或者"三不管地带"。因此，三个管理层面相互制约的部门工作管理制度，是企业发展的有效保证。

第三节　组织团队的三角形态

一、公司伦理

　　企业的经营行为是否符合道德规范等已经不单单是企业诚信问题了，企业伦理作为企业参与市场竞争的一种道德规范和企业的社会责任，对整个经济秩序的良好运行起着十分重要的作用。企业伦理是企业竞争中的软实力，一个企业是否人性以及是否重视人性最终会反映在终端产品以及服务上来。这就是说，凡是与经营有关的组织都包含有伦理问题。只要是由人组成的集合体，在进行经营活动时，本质上都存在着伦理问题。一个有道德的企业，应当重视人性，积极采取对社会有益的行为，而不是与社会伦理规则发生冲突与摩擦。

　　由于企业伦理的混乱和缺位而引发的问题十分突出，比如，假冒伪劣以及危害人身安全的产品频频流向市场等；又比如，企业贿赂案件频发，不正当竞争手段趋于低俗化和暴力化，等等。这些都是企业自身缺少道德规范和自我约束的结果。正如弗里德里克·B. 伯德和杰弗里·甘兹所说："如果管理者能更多地意识到他们的价值观、社会准则和伦理规范，……能考虑到社会分析和伦理选择，那么对管理者本身、企业和社会都是有益的；各种伦理分析工具能帮助管理者做出更好的决策，更清晰地向利益相关者解释其行为的理由。"[①] 每个企业家都应该更多地意识到自身的价值观会直观地体现在企业的终端产品和服务上，即企业的经营行为上。因而企业拥有什么样的伦理关系，最终就会拥有什么样的社会声誉和地位，这也是一个企业能否走得更远的决定性因素。

　　公司伦理关系包括各个方面，我这里只简单地概述一下公司上下级伦理关系中的"君"、"臣"、"吏"的关系。

　　治大国如烹小鲜，治公司如治大国。要管理好公司，需要懂得公司里

---

① 佛里德里克·B. 伯德，法国作家、文学批评家，主要作品是《1999》。

（第51个三角形）

的"君"、"臣"、"吏"之道。

什么是公司中的"君"？在一个组织里，"君"就是领导者，他要讲的是仁爱、慈悲、气度，因为他要将各工作线上的人和事同归于公司的理想和目标，服务于整个公司坚定的信念之下。

什么是公司中的"臣"？在一个组织里，"臣"就是部门负责人，他要讲的是忠诚、智谋、勤勉，他要号召自己工作线上的每位部下把工作做出成果来，服务于上级的理想和目标。

什么是公司中的"吏"？在一个组织里，"吏"就是各个岗位的一线员工，他要讲的是敬（畏）、勤（奋）、专（业），他要把工作做出结果来，服务于所处的部门。

在公司里，"君"、"臣"、"吏"的职能关系是面、线、点的关系，"君"的职能是管面上的事情，统筹线（臣）、点（吏）的工作。

具体地说，某个岗位上的员工是"吏"，专做某点上的工作，他把这个点上的事做好就不简单了。

部门负责人是该部门工作线上的"臣"，要做的是将部门每个点即每个人、每件事进行统筹，将各个点串起来，综合考虑处理，把该部门线上的工作做好，这不是容易的事。对于其他部门的人和事，只需友好沟通、友好相处即可，万不可越位，瞎操别人的心，即使官大一级，越过其他线进行干涉、指责、指挥都是错误的。

董事长、总经理是整个公司的"君"，是公司的决策层，处置的是公司的全面事宜，他要把全公司的事务里里外外谋划好，把各部门各线的工作串在一起统筹、整合好，把线的工作抓好。作为公司的"君"，就是要用思想行为去感召大家，把思想理念、工作作风和处事方式影响和落实到每个人、每件事上，把组织目标变成单元目标，最终实现公司的发展目标。公司中的"君"、"臣"、"吏"关系表面看是一种工作关系，是工作中的上下级关系，其实，这仅仅是肤浅的表面认识。我们透过表面看实质，他们之间真正的关系是管理中的伦理关系，是服从和被服从的关系，就像父子关系一样，这里的秩序不容改变和逆袭，否则，员工摆出老板的架子，没有服从意识，何谈完成工作量？这个公司就乱套了。

二、组织文化

组织文化是指组织共有的价值体系。组织文化作为企业文化的一部分，其最核心的意义在于通过文化而形成的精神力量，即文化力。"文化力是指文化对作为文化主体的人的调控和规范中所显示出来的作用力，它包括行为规范力、思维定势作用、整体形象维持和促进力三个方面。企业组织文化力是企业组织内部的企业文化和文化载体在企业运营中对企业产生的深层推动，规范或制约的作用力。"① 我们知道，文化和文化力一般是间接的和无形的，但是它的影响却无处不在。组织文化在企业文化和文化力的形成、企业发展以及对企业的经营理念都有十分重要的影响。无论什么性质的组织，其最终目标的实现都需要通过凝聚力和创造力的形成，来实现组织内部的和谐有序，将每一个组织成员的聪明才智整合成为集团式的集体冲锋，这时，组织文化与组织伦理至关重要。

组织文化的建设首先要厘清组织关系。作为组织构架中的个体，我们自己与我们的领导或者下属如何构建组织关系，这是一个十分重要的问题。我认为一个有价值或者能够创造价值和财富的组织（企业），其成员之间必须处理好各种关系。组织中的人与事往往是通过实质性的、有形的物质来链接的，比如分红最后的概念就是金钱的多少。但是组织的质量却是通过精神层面的东西来体现的，比如组织的团结气氛与成员的人格状况。因此，处理好组织关系，就必须先要了解组织的架构而后处理好成员之间的关系。

---

① 徐志辉著：《基于产业演变的企业组织创新研究》，上海三联书店2009年版。

（第 52 个三角形）

　　一根筷子的力量是薄弱的，然而一把筷子想要折断却是不易的。企业的发展更是如此，一个组织不可能仅仅依靠某一个人的力量就万事大吉。要想组织有更好的发展，组织里的每一个人都必须摆好自己的位置，要处理好自己与领导、下属三者之间的关系，不能放纵自己由着性子来，也不能忽视别人的存在、轻视别人的观点和见地。人都是自私的，多数人习惯首先考虑自己的利益，这是人的本性，人有维护自身利益和安全的潜意识，所以个人利益的考量本身无可厚非。但如果一味地唯利是图，不以侵害组织利益为过错，那个人利益最终也将无从实现。要明白组织成员的自身的利益，与组织的利益是分不开的，想要获得公平、民主以及最大的利益，就必须减少企业的内耗。在组织内部，权利的科学分配，会带来了企业利益分配公平、决策民主。反之将出现了企业发展降速、会出现足以使企业走向没落的内耗。领导代表组织的权力，也是一个人的人格魅力的体现。我们对权力的尊重是基于对领导者的信任和依赖。当这个前提不存在，权力的分配就没有了民主和公平的意义。领导者的决策为组织找到一个最好的发展定位，是提高管理的效率、组织的凝聚力以及避免内耗的关键。而当权力落在只有能力没有水平的领导者或领导者身边的参政者手中时，内部的争斗就更为明显和无法调和，必定会严重制约企业的发展。下属是组织的构成部分。相对来说组织内每个人都是领导的下属，也是组织最主要的执行者以及组织文化的实践者。例如领导者利用敏锐的市场洞察力，分析市场发展趋势以及市场分析，制定组织的发展战略，通过自己与下属的执行而获得收益。但是值得我们注意的是，下属虽然没有决策的权力，但是却有着对决策的执行权和执行力，在这个过程中，下属的主观能动性会评判决策的正确性和可操作性,因此下属会用他的智慧和责任使决策得到更高质量的执行,因而,领导者应该意识到:对有能力有水平的下属一定要给予其足够的发展空间。这样领导、自己和下属虽分处组织的不同位置,但却有着各自的责、权、利,正是因为形成了这种分工的组织,一个组织才能发挥其团队的力量。

三、组织行动力

行动力是一个组织的核心价值所在,它不仅是一个企业成功的秘籍,更是一个成功企业的精神财富。首先,行动力源于自信。组织行动力是一个团队自信力的集中表现,这种自信力往往将一件看似不可能的事情变成事实。

其次,行动力源于决策的有效性。行动力对个人而言,就是自制力;对团队而言,就是个人领导力,组织行动力是团队集体智慧的结晶。怎样高效思考、制订行之有效的工作计划,以及如何判断任务的轻重缓急,从而获得最佳的业绩,这就需要及时调整,平衡民主、速度、效率之间的关系。

行动力表现为行动的速度和持久性。做好行动前的准备工作,并且择机及时行动,这就是行动的速度。没有行动就没有结果,而合理科学的决策会对预期的结果产生至关重要的影响,因而要民主决策,群策必定会产生群力,这就是民主的力量,做到民主决策及及时行动都是组织行动力的价值保障,持之以恒,把一件最简单的事情坚持做下去,往往就会取得意想不到的结果。我记得有这样一个经典故事:开学第一天,古希腊大哲学家苏格拉底对学生们说:"今天,咱们只学一件最简单也是最容易做的事,每人把胳膊尽量往前甩,然后再尽量往后甩。"说着,苏格拉底示范了一遍,"从今天开始,每天做300下。大家能做到吗?"学生们都笑了,这么简单的事,有什么做不到的?过了一个月,苏格拉底问学生们:"每天甩手300下,哪些同学坚持了?"有90%的同学骄傲地举起了手。又过了一个月,苏格拉底又问,这回,坚持下来的学生只剩下八成。一年过后,苏格拉底再一次问大家:"请告诉我,最简单的甩手运动,还有哪几位同学坚持了?"这时,整间教室里,只有一人举起了手。这个学生就是后来成为古希腊另一位哲学家的柏拉图。其实把一件简单的事坚持做下去就是不简单。执行需要把思想转化为行动，把战略转化为成果，只说不做，只准备不行动，最后的必定是两手空空。

（第53个三角形）

在组织内部，权力的平均分配，既可以带来公平、民主，同时也可出现低速、内耗。

对权力的尊重是基于对领导者的信任和依赖。当这个前提不存在，权力的分配就没有了民主和公平的意义。

同样，当权力落在了只有能力而没有水平的领导者或领导者身边参政者手中，内部的争斗就会更为明显甚至于无法调和。

我们应该理性地承认：独裁者与天才只有道德上的差距，独裁基于独裁者的英明和伟大，能胜任独裁者的一定是这个组织创始者和建设者，这些人往往会保持着高昂斗志以给这个组织带来巨大无比的收益。这些人是不可替代的，具有奋不顾身的牺牲精神，具有为理想永不低头的品格和意志。

独裁者的言行举止，看似是权力的表现，但其本质是独裁者与被统治者之间存在着力量上的失衡。

当两者之间的力量失去均衡，在独裁者的世界里，被统治者根本就没法生存下去。在我们现实世界里，在相对和平环境下，老板参与下的总经理负责制的企业内部事宜，必须要找到一个平衡点，这就是组织行动力的构成，既要有民主决策的稳健，又要有果断的速度，最后通过效率这个结果来平衡各方利益，形成一个各方利益共同体。

组织行动力的存在形式一定是在高速和谐的一个系统状态下存在着

的，比如一个企业中失去团队决策过程，而只有一个独裁者在领跑，那么这个企业必定是一直处在危机之中。

四、团队的关系

在团队关系中，许多人重视的是团队组织建设，强调管理和凝聚力以期实现团队和谐，这本身没有问题。但是一个团队如果没有包容的精神，又怎么能实现团队的和谐呢？因而不能忽视团队的包容精神的作用。松下幸之助说过这样的话："如果一个管理者认为他的职务权力只能由他个人行使，那就没有一个人有能力胜任其工作。委托不只是在职责上分散权力，而且要让他人代替自己去执行具体任务。在现实生活中，没有一个管理者能够不通过别人的帮助而获得成功的。"用人是管理者的一项重要工作，处理好团队关系，就已经成功一半了。

那么如何认识团队关系呢？我认为，团队关系中最重要的就是团队的包容关系。这里面既有成员间性格的磨合，也有彼此间特质的取长补短。按照唯物主义哲学的观点，世界上没有两个完全一致的人，而团队打造恰恰是成员一致的精神，大家最终形成一致的任务目标、一致的努力方向、一致的利益。那么在一个文化背景不一、思想道德参差不齐、工作态度以及主观能动性迥异的团队中，包容性无疑是团队最有价值的元素。包容会把软弱作为善良，包容会将退缩认作忍让，包容能把怯懦视为宽容，包容会把笨拙当成厚道。包容不是没原则，而是在创新原则，是在创造和谐的凝聚力。一个公司就像是大海，那么团队成员就是浪花，团队有如海浪，海水在什么时候才能涌起海浪，海浪在什么样的条件下激起浪花？这是一种力量在转化，而这种力量的转化是有条件的，只要条件成熟，团队关系就必定会达到一个最理想的状态。什么时候才算条件成熟？我想会在下面的这个三角形的变化中找到答案。

每个人在团队、公司中的关系就如浪花、海浪和海水的关系，个人是浪花，团队是海浪，公司是海水，包容是大海的性格。

浪花美丽，但浪花是海浪托起来的，海浪又是怎么产生的？是海水在外力风的作用下涌动而成的。所以没有海水，何来海浪？没有海浪，何来浪花？一道美丽的风景，是由一系列的变化而成。

（第54个三角形）

海浪需要风，没有风就没有海浪。在公司里，风就是企业主的投资行为、社会形势、经营环境和领导者的卓越才能，这些都是形成公司"风"的契机和条件，这些风能造就海浪，当这股巨大的海浪遇到特殊的环境（岩石）或机会时便形成了美丽的浪花。

风促使浪花的形成，这是外因，浪花形成的内因是什么？是个人素养，是敬业，是勤劳，是兢兢业业。

浪花形成最多且开得最美的，多在淡水、咸水交界处，因为这里环境特殊。在嶙峋的岩石边，有恶劣的环境，有突变万化的形势，有巨大无比的屏障，有汹涌的逆向暗流，当海浪随着潮汐撞击于岩石，就会变成一朵朵美丽的浪花，这就像一个团队经过艰苦卓绝的奋斗，大家齐心协力赢得的那份成绩。

海浪要紧紧抓住风的契机，而作为风，它一定须足够强劲，才能激起万丈波涛，风的力量如果是弱小、短暂、飘忽不定、分散凌乱、朝三暮四的，就无法形成飓风，对海浪的影响就会大大减小。这就是说，一个成熟的团队要善于抓住契机，要运用团队集体的智慧理性地分析风的走向，集中精力、持之以恒，坚持把工作做好。

浪花，是被海浪托起来的，每一朵浪花都不可能永久地绽放在浪尖上，这一波海浪退回去后，下一波海浪又会托起新的浪花，如果你是紧紧跟随海浪浪尖上的那滴海水，你就能重开浪花，再次美丽。

浪花的美丽还取决于磅礴的岩石。如果海浪冲击的是小小的礁石，那掀起的浪花就只有一丁点；如果海浪的前面毫无阻碍，只是平展的沙滩，那么，再大的海浪也会消于无形，遑论浪花了。

这就是浪花带给我们的启示。

领导者要用心去带领、引导每个海水分子都做好浪花。而作为浪花，在团队中能力强者，一定要有恻隐之心，能力强不一定水平高；还要怀着感恩之心，还要包容、帮助其他的相对弱者，做到一个也不能少。共同前进，才能实现因团队关系融洽所产生的最大价值。

五、组织中的个体价值

公司是一个分工明确的团体，每一个部门都围绕着一个核心价值目标而运转。各部门的每个员工也都在发挥着自身应有的能力与作用。在公司里，个体价值如何体现？如何将组织的个体价值最大化，让每个人都各司其职、各尽其责，做到人尽其才、物尽其用？这确实是一个公司每天都要面对的问题。要想弄清楚这个问题，首先要了解个体价值的构成以及其核心内涵。

（第55个三角形）

员工的价值包含三个层面：第一是核心价值，员工该做什么；第二是附加价值，员工能否做好一些分外事；第三是信任价值，员工对公司的忠诚度和使命感。个体在组织中的价值，是由其能力来决定的。我们把个体在组织中的价值分为核心价值、一般价值和特定价值，那么，个体的能力就应该包括核心能力、通用能力和特定能力，它与个体的核心价值、普通价值和情感价值相互对应。

个体的普通价值，即个体的通用能力，大部分情况下指的是专业技术工作能力。个体的情感价值，即员工的特定能力，指对公司的与众不同的归属情感价值。个体的普通价值和情感价值能否得到充分发挥，可以反映员工个体非核心的价值和能力。那么，什么是个体的核心价值和能力？简单地说，就是每位员工都需要清醒地认识到自身在公司中的角色定位。每个部门分工明确，部门的核心价值表现为：

生产部门的核心价值体现在如何降低生产成本以及提高产品质量。

销售部门的核心价值体现在商品交易量以及客户数量。

财务部门的核心价值体现在给予公司决策层真实的财务数据并规范且纠正所有部门人员的行为准则。因为公司所有人的行为结果都是通过财务现象表达出来的。

研发部门的核心价值体现在研发什么样的产品实现公司盈利以及研究公司的商业模式。

各个部门文职人员的核心价值表现为：公司好比行驶在轨道上的机车，文职人员作为信号传递员等，对于机车能否安全行驶，是不是具有合理、合法的行为对于公司运作发挥作用。

作为公司的执行官，他的核心价值是什么呢？执行官的核心价值体现在其领导下的员工和其指挥生产的产品在外社会受尊重、企业内部秩序安宁、公司资产和遗产的文化建设和管理。

个体的价值主要体现在其核心价值。举例来说，如果某员工的核心价值为 30 分，其附加价值为 80 分，忠诚价值为 60 分，那么，这个个体的总分还是为 30 分。由此可以看出，个体的核心价值是独立价值贡献考虑为最优先的，并不是多种价值的简单累加。

六、效能比效率重要

有人为效能做了个公式：效能＝效率×目标，是说一个人或组织不能片面地追求效率，效率高不代表目的就可以实现，有了目标再乘以效率才是达到目的的方法，我认同这个说法。效能是衡量工作结果及其质量的尺度，效率、效果、效益是衡量效能的依据。

效率是一个物理词语，是衡量投入和产出的结果，在既定的条件下，能够把资源利用好，没有浪费资源，把资源最大限度地转化为结果，这就是最大效率。说白了就是经济资源得到了最大可能的利用的程度。衡量效率的标准很多,比如时间,单位时间内完成工作量的多少就是衡量效率的一个直观指标。鉴于人的欲望的无限性,就一项经济活动而言,最重要的事情当然就是最好地利用其有限的资源。这使我们不得不面对效率这个关键性的概念。但是,我们单纯地去追求效率往往会事与愿违,甚至出现背道而驰的结果。改革开放初期,深圳蛇口创新了这样一句口号:"时间就是金钱,效率就是生命。"很多人对这句口号的实际意义在理解上出现了偏差,出现了片面追求效率的局面,许多企业违背了科学的工作时间,违背了企业管理以人为本的基本定律,一味地加班加点盘剥员工的剩余价值,一味地追求产量而忽略产品质量这个企业生命指数的跌落,最终一大批在改革开放初期成立的企业如今已消失得无影无踪了。

效能则是团队或者个人完成目标任务的程度,或者是对具体任务要求的程度,是办事效率和工作能力的衡量尺度,绝不能混淆效能和效率的概念。在企业管理和企业生产经营中很多属于效能概念的事,就不能用效率来衡量和界定,很多时候效能的提高远远要比单纯地设定一个效率的指标更重要。因为效能所综合的元素更多,影响效能的因素既有人为因素也有非人为因素,比如技术进步中的机械效能,假设唐朝就有了飞机,那么唐僧师徒当天也许就回来了,这就是效能;而效率、效果、效益都是效能的衡量依据,也就是说效能如果能达到一定的程度,那么效率就自然高,因而,我们必须重视效能的管理和设计。要想有一个好效率、好效益、好效果,首先要构建一套高效能的机制。要明白效能比效率更重要,效率是表面直观的体现,而效能却是企业的硬功夫。

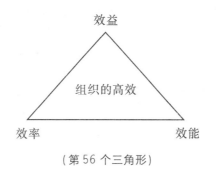

(第 56 个三角形)

效益,它反映结果、利润和社会价值。效益是每个组织或者团队所追求的目标，也是所取得的成绩的表现。但效益更多的时候反映的只是个结果的东西，具体的内容还需要在日常的工作中通过效率与效能来体现。

效率，它反映的是工作方法、流程、技巧和速度。我们每个人都会有工作效率的观念，因而我们重视工作方式方法，善用"招数"经验，讲流程，强调规范标准。

但我认为我们更需要的是效能，大家忽略了时间成本，忽视了工作节点对系统的影响，轻视了人的沟通成本和教育成本给整个组织的影响。效率上去了但效能下去了，结果是个人有速度，组织没有了效益。追求完美是我们反复强调的工作态度，但绝不是我们所说的工作方法。效能涉及成本、时间、沟通、教育等方方面面。效能是比效率更高一个层次和深度的表现形式，就是要强调突出整个组织或团队的集体的效益。而要让这个组织或团队能达到一个很好的效能，需要一个很好的牵头人以及规范、合理、快速的团队运转规则。

人们常说，做事要追求完美，这固然是毋庸置疑的，但我们需要厘清的就是追求完美只能是一种工作态度，而绝不可以是工作方法。完美的人可成事但不能建立团队，因为依你的完美，就无法容纳或适应别人的不完美。因此，人们常常会说，做老总的不一定非要会做事，但要善用人，这样可以取得事业的成功。

打破旧平衡靠勇气，建立新平衡靠智慧，"打破"和"建立"是衡量领导水平的关键标准。

领导知人善任，拥有打破旧平衡的勇气，建立新秩序的智慧；企业干部各司其职，各尽所能，充分发挥自己的主观能动性与客观行动力；企业员工更强调的是各自的执行力，做好自己的本职工作。

这样的一个组织或团队，才是真正的高效能的团队，才一定会实现想要达到的效益。而一味地强调效率本身，却忽视了一个组织或团队本身的架构以及各部门、各职员工作方法、性格、教育背景等的不同，只是想着追求一个人的完美，用理想的、虚无的完美主义来运作一个实体企业，那么，最终也只能是低效率，很难取得预期效益和理想的效果。

第四节　人才的三角形态

一、人才体系

很多企业把人才建设上升到企业发展的战略高度，但只懂得储备人才的重要性，而常常忽略了人才体系构成要件及其系统建设的重要性。一个企业只知道没完没了的招聘人才，囤积人才，而不给人的才华设置一个施展的通道，那只能造成人才的拥挤和浪费，其实是在扼杀人才。根据人才的知识结构和岗位特点，把人才分门别类自成系统，这样才有利于人才平台的规划和建设。

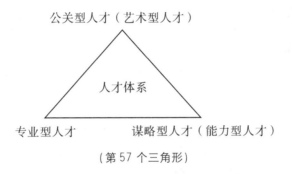

（第 57 个三角形）

人才大体可分为以下三种，即公关（公共关系）型人才、专业型人才和谋略型人才。三类人才各有所长，为各自领域作出贡献。

公共关系型人才即处理人与人之间关系的人。他们只对人，不对物，是擅长公共关系艺术的人才。例如销售人员、团体或企业中的对外公关人员等。

专业型人才即处理人与物之间关系的人。他们只对物，不对人，有知识，有技术，有经验，是专业人才。例如科研人员、技术人员等。

谋略型人才即创造人与人、人与物关系平台和媒介的人。他们既对人，又对物，关注面包括了人与人、人与物的关系。例如服务、参谋、军师、文化、策划，是务虚型人才。

一个公司必须具有三种人才：艺术人才、专业人才、能力人才。专业和能力人才主要反映智商，而艺术人才则主要反映情商。在一个公司里，企业的第一把手是复合型人才，这个组织才有希望，才有活力，才有影响力。领导力与个人的智商并无太大的关系，考验的是领导的情商管理，检验你过往的人生经历、生活体验、社会关系等全面表现。公共关系（艺术）人才通过谋略人才的关系平台才能展示其才华，专业人才在施展自己专业技术和经验，获得社会的认可和尊重，才会体现自身专业价值，三者的能量是相互转化、彼此依存。

企业人才体系的科学性主要体现在人才结构的现实性与前瞻性两个方面。我们经常会遇到高学历智商，而情商却低下的情况，这就说明人才的能力有时与其拥有的学历是不成正比的，发现人才本身就是一项十分重要的工作。中国古人士大夫阶层喜欢供养门客，并以拥有门客的数量多少来炫耀其社会地位，这是储备人才和发展人才最典型的例子。门客就是一种人才体系。门客的人生目标是求富贵、取尊荣、建不朽之功业，他们的路径是通过依附某个主子，将自身"工具化"。但是门客也是择主而栖的，所以主人要想留住人才，最大的恩惠就是要给他一个平台，这是留住人才最科学的做法。因此，企业的人才体系建设就必须要考虑现实性与前瞻性，现实性就是要根据人才的知识结构来建立工作平台，前瞻性就是要为人才设置长远发展规划，让人才既安心现实，又能远眺目标，希冀永在，希望不远，这就是俗话所说的"有奔头"。这应该是企业建立人才体系最重要的原则，而一个完善、科学的人才体系决定了一个企业的未来。

二、处理问题的能力和水平

一个人处理问题的能力和水平表现在两个方面。解决问题的能力属于效率范畴，处理问题的水平属于质量范畴。

一个问题的解决有时间长短之分，在最短的时间内把问题化解掉了，这是办事效率，这是一个人处理问题能力的表现，而问题的处理结果是不是让当事方都感到满意，这个结果是不是唯一的？是不是最佳结果？是好还是坏？是办事质量，也就是水平问题了。能力囊括了解决问题的方式方法以及手段，水平涵盖了对问题的预测、分析、探究以及提供求解之道。能力决定着解决问题的工作时效，水平决定着处理问题的工作质量。

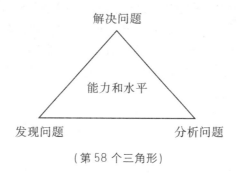

（第58个三角形）

一个人处理问题的能力与水平有着不同的人才价值评价方向。从发现问题到分析问题，再到解决问题，每一个环节都可以体现出员工的能力与水平。那么哪些层面的问题属于水平问题，哪些问题属于能力问题，这也是公司在任用人才时所考虑斟酌的。

我们可以把解决问题的过程分为四个层面：预测问题、发现问题、分析问题、解决问题。那么，哪个层面属于能力问题？哪个层面属于水平问题？

能力体现在处理解决矛盾的方法与手段上，能力往往体现了一个人的综合素质。

水平在预测问题、发现问题、分析问题、解决问题四个层面上都有所体现。有经验的人才能预测问题和发现问题，分析问题则往往靠扎实的专业知识以及丰富的工作经验，没有行业的专业知识，根本无法进行问题分析，经验也是可以累积成知识资源。因此，水平往往与一个人的经验积累相关，体现了一个人经验知识储备的丰富性和思想高度，水平往往涉及问题的解决质量。

在解决问题的时候，发现矛盾、分析矛盾，这是能力的范畴。水平往往是在处理阶段出现的，通过文化表现，现在很多学历不高的人领导高学历的人，原因是很多高学历的人有专业知识，有能力，但没水平。

很多人以为读了MBA就很了不起。高学历的确是一种知识能力的表现，至少表明你曾努力过。但这只是一种有工作"知识能力"的凭证。

工作水平如何？还得靠日积月累的沉淀，这种沉淀通过文化知识与社会实践的方式表现出来，即所谓工作水平。

能力的提高可以增强解决工作的水平，解决问题的水平是工作能力强的结果，也是圆满地分析、解决、预测矛盾的关键。敢于打破旧的平衡、建立新的平衡，协调解决矛盾才叫有工作的"能力水平"。

三、动机、行为与结果

生命体的主观动机及其行为选择很多时候在客观结果上体现出非一致性，这种非一致性也是企业管理中应该重视的策略之一。所谓"无心插柳柳成荫"，啄木鸟绝不会想到它的行为会为一棵老树赢得更多的生命年轮。

很多时候，无论社会组织还是一个机关企业，缺少的是"啄木鸟"。啄木鸟的劳动，深具文化慧根，具有哲理性。其先天禀赋是善于捉虫子，并且能把深藏树皮后面的虫子捉出来，它与树木与虫子形成一个稳定的三角形生存结构，它的劳作不但保证了自己的生命得以延续，更重要的是保护了树木，尤其重要的是也给虫子拓展了生命空间，试想没有啄木鸟，虫子把树木吃光，森林大片死亡，哪里还有虫子的寄居之地？就像我们人类，一味地破坏我们赖以生存的大自然，总有一天会出现"皮之不存毛将焉附"的局面。这就是因果律的逻辑普遍结构在自然界中的现实体现，"因为……所以……"，没有原因的结果是不存在的，不要小瞧了这个论断，如果小瞧了这个论断，那我们真的不及啄木鸟了，这个论断是宇宙间最崇高的哲理散文诗，它是大自然自身的品格和个性的写照。所幸的是，大自然把它遗传给了我们人类，让我们的积累和品性修为得以彰显。

不是每个人都能做啄木鸟的，但是每个人都有争做啄木鸟的权利，如果有了争做啄木鸟的意识，就说明工作中的争先比优的动能充足，说明这个团队处于一个良好的运转状态之中。

我们从下面的三角形结构中可以看出，三者是一个相互依附的关系，啄木鸟以实际行动来维护这个三角形的稳定，缺一不可，否则三者均不存在了，这就是规律。无论你的企业规模多大，即使大过一片森林；无论你的企业规模有多小，小过城市路边的一畦景观树，你都不要忘了啄木鸟的作用。

（第59个三角形）

我们知道啄木鸟靠啄食树皮下的害虫而生存。啄木鸟是可爱的，啄木鸟啄食害虫为生，是一个主观行为，但同时也变成了一种对树木除害虫的客观结果，实现了自身与树木生存双赢的局面。每一个生命体在进行一种主观行为的同时，其主观行为都可能成为利他的客观结果，我们需要做的，不是去通过"洗脑"让世界变得大一统，而是如何让更多的主观行为有利于企业发展的客观结果。

主观行为动机是为己，客观结果却在实现为己的同时还成就了他人，这是企业管理中应该好好运用的策略。例如在企业中，组织安全生存需要有人做啄木鸟，也即是领导者要充当啄木鸟。啄木鸟的行为表面上是因为生存觅食需要，但客观上使得树木远离虫害，能够健康成长；树木的繁茂又会给啄木鸟提供更丰盛的食物，主观客观的行为在无意间形成默契。在企业管理中，这种默契常常会带来连锁性的效益。

员工身上有缺点或毛病，就好比树上有病虫，但对于员工本身来说，他可能并没有意识到自己存在某种缺点或毛病，因为他不是啄木鸟，退一步来讲，就算员工能意识到自己的缺点或毛病，多数人还是被习惯所误，改掉该缺点或毛病的动力不足。也就是说，一个人其实还是需要更多的外力来改变自己的，尤其是对于思想不健康、心灵有先天瑕疵或者因世俗价值观的影响而缺少正能量的人，就更需要一个啄木鸟来清理他身上的病虫害。人有时就像需要医生来治病一样，有病及时就医，才可能根除病灶恶性质变。对于一家公司来说，敢于直面批评下属的领导，就是公司的啄木鸟。一个公司有了勤劳的啄木鸟，才能保证公司这棵大树枝繁叶茂，健康发展。

本章小结

我发现这些企业组织结构中最重要的因素都是以一个稳定而高效的三角形态而存在的，由此，我认为一个聪明的企业家总是会在自己的管理工作中找到三个最重要的节点，正是这三个节点以及它们之间的相互转换，完全可以成就一个良好的企业组织结构，并可以赢得企业的长足进步和发展。

企业的本能或者说企业的本质就是追求利润，衡量一个企业是否成功简单地表面上看这个企业是不是利润最大化了。这里有效能的衡量依据，也有效率高低的评判标准，但是衡量一个成功的企业的标准绝不是简单而直观的效益，这里所说的效益既有经济效益也有社会效益等各个方面。因而我这里想说的是衡量一个企业是否成功的标准，除却效益之外，最重要的是要评估这个企业具有多少软件和硬件作为资本去向远方迈进。能走多远或者说走得更远才是成功企业的评价标准，效率证明的是今天，效益永远只能说明昨天，而一个成功企业要做的事情永远是为了明天。拥有美好明天的企业，它的资本维度视阈才会广阔和辽远，才会取得更大的经济效益和社会效益。因而能够在企业组织结构中建构一个稳定的、高效的，既能体现领导者信仰和意志，又能彰显组织单位个体价值的体系，是企业文化的厚积，是企业潜质的薄发，"博观而约取，厚积而薄发"，企业才能走得更稳健，走得更远。

第五章　企业管理方略的三角形态

世界著名成功学家拿破仑·希尔曾写了一本名为《思考致富》的书，该书出版后深受各界喜爱，因为这本书的目的是教会我们如何运用我们自身最大的资源——大脑。无论任何人要取得任何意义上的成功都必须要动用这个资源——大脑的思考。我相信每个企业家和企业管理者都有过不止一次的学习经历，而不一定每个企业家和企业管理者都能让所学的知识认认真真地走过大脑，这就是出现了一个现象：学习的机会越来越多，思考的习惯越来越少。我们习惯了从别人那里拿来约定俗成的东西，然后套用在自己的企业经营实践中去，这必然造成理论上的生硬和现实中的生搬硬套。企业是自己的身体，管理是服装，服装穿在身上，是否合身，是否舒服，只有自己才知道，所以管理的本质是你要为自己量身定做一套服装，这样才合身，这样才会舒服，这样才会彰显你的气质与美感。要想拥有这套服装，也就是要想拥有一个属于自己企业特立独行的，又符合企业实际情况的管理机制，不但要通过自身的学习，更重要的是要通过自己的大脑去思考。我在前面曾说过：思考是上帝派发给我们每个人的最实惠的福利。只要总结出一套有别于他人而实用的成功管理模式，你的企业一定会出奇制胜，赢得市场，赢得别人的支持与尊重。思考在很大程度上是对有预见性人的一份报酬。思考决定思想，思想决定行动。

每个人体都是由80%的水分与少许的碳水化合物组成的，我们与其他生物体结构基本相同，只有思想才是人类所特有的。思想赋予了人无穷的创造力，它让人成为万物之主，让人成为一个自己就可以创造的有尊严生活的生命体，思考是高级生命体的特征。因而，我们一定要五体投地地虔诚地谢过上苍，感谢她赋予了我们这一堆碳水化合物以思考的功能和本事。

思考的深度和思考的质量决定着一个人的创造能力和人生价值。

管理水平和最终由管理水平所形成的企业文化，决定了这个企业要走的路和能够走多远。真正的企业家是善于运用运筹学、统计学、心理学、行为学等学科来对自己的企业定量定性分析，并为自己和他人及透过他人有效率且有效地完成活动找到捷径的人。因而我在经营实践中，常常会在一个棘手管理课题面前去努力厘清其中至关重要的几个节点，探索它们之间相互的影响因素和形成关系，找到企业稳定运转的管理形态，这样，问题就会变得清晰了。

我在企业经营管理实践中，发现许多企业经营管理上的问题，都是以一个三角形的形态而存在的，它表面的变化有时会造成一叶障目、不见泰山的假象，其实它的实质是三角形的某一个点的位置和作用力发生了变化而已，而万变不离其宗，它的存在形态一直是稳定的，比如说管理的本质其实就是人的因素，你不要考虑这个人换成了谁，而是要考虑这个人的位置，他是上司还是下属，还是你自己？只要你摆正这三者的位置，其实你就实现了管好人这一管理目标。

许多学科都是解释问题的，而只有管理学是解决问题的，因而掌握一门属于自己的管理学，就等于找到了解决问题之道。

第一节 企业管理本质的三角形态

一、管理的本质

管理是一个古老而热门的词语，相关的释读数不胜数且鱼龙混杂。因此，个人觉得，对于管理的理解，首先需要正本清源，让认识回归管理的本质。

让我们先弄清楚，管理的目的究竟是什么？管理与经营的关系又是什么？企业发展的不同阶段对管理的需求是什么？企业的管理体系又该如何构建？我想，把这些问题搞清楚了，企业的管理就不会再那么盲目，管理的效果就凸显了。

（第 60 个三角形）

管理是无形资产，因而恰恰常常为管理者自己所忽略。管理就像一个人吸烟，戒不掉也不会马上死人，但是肯定会影响健康。同样，企业没有厘清管理的本质问题，这个企业也不会马上倒闭，但是企业发展的稳定性和健康性就肯定会受到影响了。那么管理的本质到底是什么？我们从公司的构成三要素人、财、物中就很容易看出，管理的本质就是通过一种模式，以人为中心对人、财、物进行协调和整合的过程。这种模式的中心思想就是如何管好人。

很多人一听到管理就会想象到专政。为什么？因为我们把管理看成是单向行为，人与人之间的单向关系便是专政。其实，这是典型的误解，真正的管理一定是双向关系的。管理的真谛是人与人、人与物互动的关系。对大多数人来说，有上司、下属，以及自己所处的位置，例如企业中的中层管理者。中层管理者承担着企业战略执行及基层管理的任务。所以他们不得不面临这样一个问题，要处理好"上面有老，下面有小，中间还有兄弟姐妹"的各种关系，当然，前提还是要先管理好自己。

　　首先，是对自己的管理。没有管理好自己，不知道自己的位置，不知道自己说什么，不知道自己的责任。自己没有管理好，哪有资格管理别人。一个懂得管理自己和经营自己的人，一定会有一番大作为。要在各个方面严于律己，同时也要将自己培养成为品德能力全方面发展的人，学会容人之短，学会用人不疑，学会宽以待人，学会低调谦和。在管理中，培养好自己才是成功的第一步。

　　其次，是对上司的管理。管理上司是什么意思？提醒上司没有完成的事情，调节好上司的情绪，理性帮助上司认识事情的本质，为上司提供真实的数据信息，提供解决问题的可供选择的方案。这些都是管理上司的问题。

　　上司不一定是顶头上司。某种角度上相关部门、相关单位的人也是上司，我尊重他，我的事情需要他配合支持，我有求于他，他就是我的上司。上司拖拉，我要推动；上司不懂，我要解释；上司不同意，我要据理力争。所有这些动作都是管理上司。如果你的上司没有提供条件给你，你要跟他提建议，跟他沟通，而不是强加于他。对上司强制性地执行你的意见，这样只能让沟通走进死胡同。

　　最后，就是对下属的管理。对员工的管理的最基本的态度是尊重。根据一份调查显示，高达78.2%的被调查者希望管理者工作时像领导，非工作时像朋友；52.8%的被调查者认为管理者对人才的尊重和认可是最能激发他们积极性和创造性的因素。同时也要学会赞美。没有一个人是不喜欢听赞美之词的，倘若一个人每天对着你大吼大骂，必然形成对抗之势。也必须关心员工，解决他们的后顾之忧。通过关心，营造一种相互关心、团结的氛围，为员工创造一个愉悦的工作环境，员工在愉悦的环境中工作，才能心甘情愿地发挥他自身的最大主观能动性。

二、制度管理

我这里所说的是制度管理,不是管理制度。前者是一种手段,是管理的一种类型,是组织在管理过程中对所采用形式进行选择和实施的一种动态描述;后者是一种形式,是对于制度类型的一种静态描述。

制度管理化还是管理制度化?这是困扰许多企业管理者的概念性课题。在企业经营活动中,企业管理者要求大家共同遵守一定的办事规程或行动准则,这就是制度的形成过程。但是有了制度不一定就形成了管理态势,制度本身是一种行为的约束机制,是一种人们有目的建构的存在物。建制的存在,都会带有价值判断在里面,从而规范、影响建制内人们的行为。因而,如何执行制度才是管理。管理是企业高层次的活动,管理是一种协调、组织、执行的过程,制度是刚性的规定,管理往往是人性的调和。如果这一概念不清晰,往往会造成制度管理上的混乱,严重的造成重大损失。比如飞行员制度,无论多么有飞行经验的飞行员,操作时都要按照操作手册来操作飞行,这与飞行员的经验、资格都无关,你必须要做到的是严格按照格式程序操作,也就是按照飞行制度来操作飞行,他们每操作一步都要口述给同伴和塔台,同伴和塔台的监督就是管理过程。制度只有在管理的状态下才会发挥它的价值,失去管理的制度就是一纸空文。

制度管理的本质是通过对制度的建立、实施及不断修正与调整来达成力量整合的系列行为。在一定历史条件下形成的法令、礼俗等规范必定会随着时间的推移和生产经营的宏观以及微观环境的变化而变化。制度管理在企业经营管理中十分重要,这涉及企业用什么层次的制度去规范自己的运营行为。管理制度则是写在手册上、钉在墙上的条文,是要灌输到员工心里的行为准则,它是制度管理中已经约定的规则的书面化表达。一个成功的企业必定刻意研究制度建设,形成制度管理化,才能形成管理制度化,管理才能贯串生产经营的每个环节。形成管理常态化,用一整套管理机制来系统地规范企业的生产经营活动,企业才会稳健快速地发展。

那么,我们如何才能进行制度管理呢?换句话说我们通过什么样的系统来实现制度管理呢?我想企业在建设制度管理时首先要考虑的是制度动机。动机具有相当明晰的针对性,比如一个企业总是出现生产安全事故,那么就应该研究用什么样的生产制度才能规避事故的发生，这就是制度的动机。这是一个系统工作：开展调研、收集信息、组织会议、专家研讨，等等，在此基础上，管理者通过决策过程，制定出一整套符合企业实际情况的规范性行为准则，这就形成了制度管理的态势。

（第61个三角形）

制度管理作为企业管理的依据和准则，是企业内部建设的一个总领方向，企业制度管理受环境、行业特征、管理者个人因素、员工素质等因素的客观影响，想要达到预期效果，则需要管理系统去实现，企业的管理系统包括了信号系统、轨道系统和动机系统。

什么是信号系统？管理者的指挥、决策以及调度的令、行、禁、止等都是信号系统；而管理过程，即通过情况反映响应、反馈表等来发出信号进行动态管理。有了统一标准的信号系统做指引，公司员工的行为才可能建立有效的沟通机制，管理因此也更加确定和富有方向感。

什么是轨道系统？轨道系统即是制度、流程、格式。任何一个先进的企业都有一套先进的静态管理制度，以文字载体的形式呈现。企业有自己的一套《公司规章制度汇编》、《各工作线的管理流程》和各类表格。轨道系统之于员工，如宪法之于公民，它凌驾于员工的意志之上，具有强制性、约束性、普遍性，和企业价值观统一在一起。

什么是动机系统？动机系统是公司准备采取什么样的行动，以及为什么要采取这一行动的原因解读执行运作系统。动机系统必须是动态的，要形成有效的反映、汇报、请示、协调机制。举个例子来说，飞机飞行时刻都要跟地面塔台联系。如果没有和地面接洽联系，全世界都会乱，要知道，飞机失联的后果是非常严重的。从中可见请示、汇报联系的重要性，这也是公司设置"会议纪要和工作联系单"进行协调管理的原因：一方面，规范执行者行为准则，让执行者有安全感；另一方面，保证信息准确的传达，工作高效率的执行。

公司制度管理是静态和动态相统一的表达过程，它通过信号系统、轨道系统、动机系统来实现。这些系统是企业文化中最重要的组成部分，是最具现实意义的核心价值观的具体表达。

三、目标管理

目标管理是现代企业管理重要的组成部分。目标管理之所以为现代企业管理所青睐并将之视为企业管理的灵丹妙药，是因为这一管理模式既预先设定了结果，又规定了指标与时间，尤其是它的内涵已经远远超越了管理学本身，实现了"人性的自我管理"和"自我价值的规划"这一高度。

德国诗人歌德曾说："人生重要的事情就是确定一个伟大的目标，并决心实现它。"这句话引申到企业管理上就是："一个企业最重要的事情就是确定一个切合实际的目标，并努力实现它。"我们也可以这样认为：目标是一个企业发展的导向，没有目标，这个企业的发展之路难免曲折。目标是一种规划，在制定目标时企业其实是在规划企业的未来。在目标设置的过程中，企业的许多发展条件都得到科学的优化。美国管理学和心理学家洛克于1967年提出"目标设置理论"，认为外来的刺激（如奖励、工作反馈、监督的压力）都是通过目标来影响动机的。目标能引导活动指向与目标有关的行为，使人们根据难度的大小来调整努力的程度，并影响行为的持久性。这就说明目标本身就具有激励作用，目标能把人的需要转变为动机，使人们的行为朝着一定的方向努力，并将自己的行为结果与既定的目标相对照，及时进行调整和修正，从而使目标更加科学，更加贴近实际，从而更易于实现。

为此，我们可以这样来理解目标管理这一概念，它是以目标为导向，以人为中心，以指标为依据，以成果为标准，以时间为界限，以考核为手段，从而使组织和个人取得最佳业绩的现代管理方法。目标管理是企业的"自我控制"，它的优势是可以细化分解，把一个总体大目标分解为诸多小目标，与奖惩捆绑分解下去，最终落实到个人，目标就转化成为个人的工作动力、个人工作的方向。这就实现了团队、员工的"自我控制",从而形成一个自下而上地保证目标实现的管理机制。目标管理是企业管理的系统工程,目标管理是用系统的方法,将庞大复杂的事情和行为,整理为关键性的可控制目标的管理活动,是一种激励所属成员高效实现组织目标的方法。使得目标成为个人、部门或整个组织共同期望的成果。这样就形成了认识上、利益上、行动上的高度一致。

目标管理中的目标设定,主要由三部分组成,这就是数量指标、质量指标、时间限定。

(第62个三角形)

目标管理中的指标是决策层根据企业发展规划所分解出来的工作量,指标的制定一定要考虑可操作性,它既要考虑实现的可能性又要预测操作过程中可能出现的问题,指标完成情况是通过考核来反映的,而考核指标的完成情况又离不开时间和标准。

时间规范了完成指标的期限,在一定时间范围内实现目标,就是效能和效率的双赢状态。当然,评价指标完成的质量是有标准的,标准是对设定指标完成质量的限定,质量不合格或者质量不是理想状态,都不能称之为保质保量地完成了指标任务。

设定目标时,还要充分考虑考核指标及时间限定方面因素的相互制约关系。单纯地强调时间,必定会造成标准的降低,结果是指标任务完成的质量不高。单纯地要求指标标准,必然会延长完成指标的时间,其后果是造成效能降低,效率降低。因此我们在实施目标管理时,要充分研究目标形成的各个元素之间的关系,根据企业生产经营的实际情况,规划企业发展目标,科学地分解成各项指标,现实地制定考核标准,限定人性化的时间范围,既不让懈怠情绪出现又能摈弃背离人性的盘剥,赢得员工的认可,又用科学配套的奖惩制度,充分发挥团队的集体智慧和员工的主观能动性,这才是目标管理的最终目的。

总之,目标是一个人实现价值、谋求发展的原动力。但是目标不等于指标,它还有标准和时间的因素。指标是指设定要达到的数值。例如销售指标,就是指设定要达到的销售数值。设立目标,必须依数量、质量、时间三种条件都要满足,才是一个完整的目标。

四、人才管理的本质

"人才"这个词,在 1969 年世界管理大会上众多企业家的答案是"金融"或"技术"。但是到了 20 世纪 80 年代中期,许多成功企业的经验证明,高效的人力资源才是企业成功最重要的因素。90 年代末期,哈佛大学商学院在对美国企业成功因素的调查发现,人力资源管理中的企业文化塑造以及文化给企业带来的对精英人才的凝聚性,是过去十年中美国企业成功的最重要因素。诺贝尔经济学奖获得者加里·S.贝克尔说:"人力资本与工厂其他有形资源一样都是企业发展的一部分,但也是一种比土地和资产更加难以积累和管理的财产。"企业没有人不行,没有人才更行不通。中国的汉字很有意思,企业的"企"字就是"人"高高在上,把"人"字去掉,就变成了"止"。这从侧面说明人在企业发展中的重要性。

人才是一种资本已经为许多企业家所共识,在这种资本意识的作用下,开发人力资源已经为当下企业家作为企业发展战略摆在企业管理最重要的位置上了。

虽然越来越多的企业探索人才的培育以及使用的管理办法,人才管理在企业文化中占据了首要位置。许多企业斥巨资建立人才发展战略系统,设置人才库,建立一整套招、用、育、敬、留人的机制。但是,人力资源作为比"金融"、"技术"还重要的资本,管理起来可不是一件容易的事,许多企业绞尽脑汁在人力资源上下功夫,却收效甚微,有的企业面对员工频繁跳槽而无可奈何,招不来人才、留不住人才、用不好人才成为许多企业家头痛的大事。为什么会出现这样的局面?

我认为，主要是人才管理流程上出现了问题。很多企业在人力资源开发工作中，往往凭的是一些表面的东西，比如面试感觉、文凭、简历以及所谓的工作经验，而忽略了人才的知识结构以及创新意识的开发，人才的后期培养非常薄弱，甚至很多企业招来人才后，就恨不得一下从其身上挖掘出一个金元宝来。这种急功近利的做法，切断了人才的知识与企业发展目标的有效衔接，使人很难真正进入工作状态。尤其是一些企业固执地相信薪酬体系会激发人才的积极性，而缺少人文关怀，使人力资源管理陷入一种单纯地以利益相互维系的怪圈。

要想使人力资源管理产生预期的效益，就必须弄清楚人才管理流程的目的。也许有人说就是为了向人才管理要效益，这本身并没有错，但是这种直接的目的性的表白却极易伤害人，有违人性中潜在的自我实现与尊重需求的敏感神经。我们不妨重温一下美国心理学家马斯洛的需求层次论：自我实现的需求、尊重的需求、社会承认的需求（社交、社会关系的需求）、安全的需求、生理的需求（身体基本需求）。我们知道生理需求和安全需求是人在温饱阶段的需求，作为一名人才型员工，他应该已经脱离了低层次的需求范围，应在较高层次上有所需求，也就是许多人才型员工期望得到的是尊重和自我实现，而这正是一个企业的凝聚力所在。因此，人才流程管理的目的就是为了增强企业的凝聚力，增强人才型员工的认同感和归属感。凝聚力是这样一种力量，通过它使企业每个分子既独立存在，又紧密聚集在一起，进而释放出推动企业发展的巨大能量。

（第63个三角形）

有效的人才管理是非常重要的，有研究显示，对员工投资1美元，其可以创造50美元的效益。因此，企业在人才流程管理上要根据不同层次人才的心理需求特点，构建合情、合理、合法的人才战略体系，选拔、培养、管理以及使用好人才是企业发展的必由之路。

俗话说："尺有所短，寸有所长。"那么，应该如何甄别人才呢？判断人才的类别可以从处理问题的三个层面说起。人才分为三种：专业型人才、管理型人才、领导型人才。

专业型人才：处理问题时，面对事实，以符合法度作为评判标准，例如按照规章制度办事。专业型人才倾向于比照规章制度，做出合理的判断。即就事论事，具体问题具体解决，重要的是把事情做对。

管理型人才：处理问题时，面对事实，以符合道理作为评判标准，例如按照流程秩序办事。管理型人才更倾向于依照流程秩序，做出合理的、灵活的决定，重要的是把事情做好。

领导型人才：处理问题时，面对事实，以符合情境作为评判标准，雷厉风行、处事果断。领导型人才会根据客观因素，做出符合企业生产经营实际需要的决策，其决策必须明确重点要做哪些事情。

我们根据"处理问题的三个层面"来甄别相应的三种类型人才，根据企业发展规划来预测问题，并根据问题来预先储备人才，根据人才需求的不同层次建立薪酬体系、构建和谐愉悦的人文关怀体系，这样才能形成合法、合情、合理三个层面的流程管理体系。

第二节　企业管理战略的三角形态

❖ 一、企业经营

企业经营有什么样的模式，就会有什么样的发展的方针，就会制定什么样的目标，就会产生什么样的结果。

法国著名管理学先驱法约尔在他的名著《工业管理和一般管理》中提出企业经营包括六个方面的活动：技术活动（生产、制造、加工）、商业活动（购买、销售、交换）、财务活动（筹集和利用资本）、安全活动（保护财产和人员）、会计活动（清理财产、资产负债表、成本、统计等）、管理活动（计划、组织、指挥、协调、控制）。我们不难看出法约尔的一般管理理论中的经营理念几乎囊括了企业所有的经济活动，以至于现代经营的概念认为人类的一切活动都是一种经营，包括经营情感、经营爱情、经营婚姻、经营生活。经营成为了一个时尚名词，只要是经过筹划、规划而进行的有目的的、有意识的并期望结果的活动，都是经营活动。经营的理念体现在各个领域，有家庭经营、情感经营、企业经营、城市经营、国家经营，等等。物质资料的经营活动就是经济活动，物质资料经营就叫经济；社会经营活动就是政治活动，社会经营就叫政治。

没有经营活动，人类就不能生存和发展，经营活动贯串于人类的整个历史中，人们要生存下去就必须进行经营活动。把人类的一切活动都视为是经营活动，这本身并没有错误，但是却会淡化经营这一经济活动概念的实质内涵。我认为经营的概念中应该加载更多的人类思考的成分，经营可以是对一件事的筹划过程，经营是对生存的营治过程，经营就是借助一个平台，让一件事升华到极致，让一种物质升值，让产品变现，让思想变成生产力。如果这样理解，经营是不是可以这样定义：经营就是人类经过思考运筹将现状提升为更高层次的活动。那么企业经营就是将企业的整体盈利现状提升到更高水平的活动，这种活动是不间断的，它包含了企业经济活动的方方面面。金钱、资源、财富、竞争、创新、趋势、规律、运营、资产、交通……都有可能成为影响企业经营的一个最基本的元素，只有摆布好每一个元素的位置和他们之间的关系，企业经营才会有一个良好的态势。

不能把企业经营同企业管理混为一谈，经营是一项专一性的经济活动，经营对象主要针对的是企业"财"的部分；而企业管理的对象是对企业人、财、物的整体统筹。一个人即使经营着数目庞大的生意，但是还不能说他在管理着一个公司，因两者的对象不同而使得经济活动所产生的结果不同，管理是间接影响效益，而经营会直接影响效益。两者有着交叉和互融的部分，那就是管理包含着经营的理念，经营会经常运用管理的手段。

（第 64 个三角形）

企业本质上是"一种资源配置的机制"，其战略目的是能够实现整个企业资源的优化配置，降低交易成本。企业的经营包含了"资本"、"环境"、"执行"几个方面的内容。

企业资本包含金钱、人才、技术、企业资源（主要是优质资产和稀缺资源）、财富（储备）等，这些是影响企业经营的内部环境。企业如果在其中的一个方面或者几个方面拥有较多、较好、较强的话，也就可以说这个企业具备"优势"。

环境主要指影响企业经营的外部局势，通俗地说表现在是否具备天时、地利、人和。这点也较为容易理解，例如，推出的产品是否具备进入市场的时机，即"天时"；资源类型的企业是否靠近原材料产地或能源供应地，即"地利"；企业的商誉、员工的流动性等，即"人和"。

执行是企业经营的过程。过程影响结果，所以企业执行的方式、方法和成果可以一窥这个企业的经营结果。企业多采用"专业、特别、创新"的方法和手段，为求达到"多、快、好、省"的目的。

然而，凡事岂能各尽人意？当企业在某方面处于劣势的时候，又该如何进行有效的经营呢？我们可以通过"运营"、"变通"、"策略"等手段去改善企业的经营。

当企业资产（金钱、人才、技术等）不具备优势时，我们通过"运营"的手段来改善企业的经营。运营手段包括运用自主知识产权、自主标准、自主品牌、自主渠道、创新商业模式等商业规律，提升企业文化，达到优势积累；增强企业实力，达到稳定增长。

当企业外部环境处于劣势的时候，我们采用"变通"的手段来改善企业的经营。通过快速竞争，抢占市场制高点，以快打慢；通过创新（产品、技术、服务），创造差异化，紧跟趋势，争夺话语权。

当企业的执行方法和手段处于劣势的时候，我们就要注重"策略"的运用。企业的经营策略包含定位（产品定位、品牌定位、项目定位、标准定位、技术定位等）、战略（战略聚焦、战略细化）、机制（客户、员工、经营者共赢机制、持续发展机制）。所以，企业的经营并非片面的经营资产的增长，或者强调执行的方法和手段，更非依靠外部环境望天打卦，而是在"运营"、"变通"、"策略"三个方面都下功夫，才能形成企业的整体力量。

让"资产"增长，是练好内功；营造"局势"，是改善外部环境；要达到经营的目标，那么就要赢在"执行力"。

二、企业管理战略的三个层面

我一直认为，一个真正的企业家，首先要做的是要让员工看到企业的未来。因为你让员工看到了明天，那么今天他就会干劲十足；如果看到未来，那么他就肯死心塌地地为这个未来奉献青春。而很多企业恰恰相反，他们的战略还仅仅是一种"打算"，战略只在浅层打转，缺乏探求深层规律的魄力和本领。甚至一些企业只是在过往经验上找出路，只在一些有形资产以及资源上做文章，结果导致员工视野迷茫、看不到前途以至于产生浮躁情绪，轻者消极怠工，严重的辞职跳槽。因而一定要让员工看到希望,一定要让员工满怀希望,一定要帮助员工绘制愿景。那么如何才能让员工心怀希望、满怀信心?这就是企业的远景战略规划,企业的发展视野里"要有那么一块"。

企业的远景规划不仅仅是企业发展战略的组成部分,更重要的是展示了企业的未来愿景。许多员工尤其是与企业有情感依赖的员工更看重企业的未来,未来是希望,更是一种凝聚剂,它是企业向心力的源泉。因而企业的战略制定和筹划一定要注重下面的三个层次,那就是眼睛盯住一块,手里拿着一块,口里含着一块。眼睛盯住一块是企业的长远筹划,看多远才能走多远!手里拿着一块,是指企业的中期发展规划,手里的另外一块就是经营上的差异化优势,许多人不注重手里的这一块,一旦现有的产品受到挫败,就没有一个可以迅速补位的措施了,企业只能坐以待毙了。口里的这一块对企业而言就是发展的基础,没有口里的这一块,企业就难以完成最初的资本积累,难以满足员工和企业自身的基本生存条件,也就谈不上企业的后续发展。

因而如何有效、在最短的时间内实现企业战略三个层面的转化,这就取决于战略筹划的立足点,这与企业的整体发展环境以及企业自身条件息息相关,其实这个过程就是企业战略形成的过程。因此,一定要跳出传统的战略统筹视野,通过战略创新方式使企业获得发展的长足后劲。

拿破仑说的一句话:"战争只不过是将决定性的力量及时地投放到战略决定点上。"而我下面要讲的战略的三个层面,就是将决定性力量投放在了企业发展的节点之上。

(第 65 个三角形)

我们经常听到大人责骂小孩,说他不老实吃饭——吃着碗里,望着锅里，心里还想着超市里。其实，孩子们的出发点很单纯，最大化拥有他们喜欢的东西就是他们的目的。这其实就是一种关于可持续发展的思维模式。

我们有很多日常生活中可以经常运用到的战略的事例。例如吃饭，大脑对身体的指挥就是一种吃饭的战略：口里含着一块，手里夹着一块，眼睛盯着一块，只是人们不去注意到这其实是一种"战略"。

对于企业的战略制定层面来说，口中的是已经拥有的，手里的是近期掌握的，眼里的是预期获得的目标。

首先，我们要口里含一块。这是制定发展战略的根本条件。只有嘴巴里有吃的，能保证基本的生存需求，才能谈发展，谈理想。作为公司或企业来说，口里含着的这一块往往都是一个企业立足发展的前提条件，是企业的发展的基础，口里的这一块包含着企业的基本特色与基础文化的内容。

其次，还要手里夹一块。我们不能只满足于一个产品、一个领域而沾沾自喜，同样也不能仅仅局限在某个行业、某个区域而高枕无忧。H7N9禽流感的侵袭，多少养殖户赔得精光，就是一个巨大的教训。试想，如果他们在养鸡的同时，再开发相关联行业或者附加产品进行互助互补，就可以大大规避风险。

最后，眼睛还要盯住一块。这里的眼睛里盯住的一块，指的是要有可预期的产品或项目支撑点，这就要求企业顶层战略设计者要对发展趋势与潮流有一定洞察力与分析判断能力。如果没有前瞻性，企业在未来的发展中就肯定会被淘汰。

辩证地分析这三者之间的关系，发现三者的关系是相辅相成的。没有口中的一块，企业甚至压根不会存在；没有手里的一块，企业也就无从发展，进而影响到企业的生存；没有眼中的一块，企业就毫无创新能力，发展只能是空谈，前面的两块最终也必将会成为别人的美食。

三、企业战略

谈到企业战略理论，人们自然会联想到军事战略。如中国古代孙子兵法的军事战略、诸葛亮的军事谋略，等等。确实，企业战略的概念本身就是从这些军事谋略中发端和形成的。但是，企业战略绝不是把军事战略尤其是军事谋略的那套模式在企业运营过程中的简单套用，军事战略与企业战略的最大不同是，前者以战胜对方为主要目标，而企业战略是以整合资源和创造价值为目标，是创造多方共赢的局面为理想目标。

企业战略体现的是规划、谋划、筹划的制定和执行，如果把企业比作一盘棋的话，那么什么是这盘棋上最重要的棋子？我认为，应该是产品—客户—运营。企业发展的过程就是不断地根据生产经营环境的变化，对企业自身掌握的资源和综合实力去选择适合的运营模式，确定具有市场前景广阔的产品，树立以客户为中心的服务理念，来实现利润最大化。企业战略的目标是最终形成自己的核心竞争力，并通过差异化的运营在竞争中取胜。

企业战略的制定和实施的目的是为了谋划契合企业发展实际需要的运营模式。这里面有一个主次关系问题必须明晰，就是企业战略的切入点是什么？是产品，还是客户，还是市场？这个问题看似简单，却是谋划企业发展的诸多问题中首先要解决的。

在企业战略中，完成了产品的顶层设计之后，企业战略的重心会通过营销策划来设计产品的市场推广模式，这种模式会把产品的相关信息及时、准确、带有一定市场描述的艺术美感去影响客户，引起客户的兴趣和关注度，最终成为影响客户决策的主要因素。客户是利润的源泉，是产品的生命力的活性剂。企业通过科学的运营来实现产品与客户的约会，通过一定的控制模式来恰到好处地掌握产品与客户"约会的气氛"，这就是服务意识和服务模式在企业战略中的作用和价值。运营可以将企业产品的价值转变为企业文化，而企业文化就是战略的终极目标的实现——核心竞争力的形成。

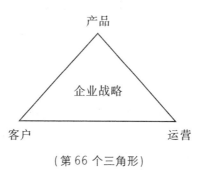

（第66个三角形）

产品是企业利润的起源，是企业竞争力的最直接表现，它会通过企业的营销模式来达到利润的最终实现和增强企业活力的目的。我们也知道，我们的产品需要通过企业的运营管理来创造这个利润，来实现包含有产品工具、客户载体、品牌理念的企业文化，这期间的企业内控模式也是打仗的方法。最后，客户购买了我们的产品，需要通过企业的服务模式来享受企业的客户服务与技术支持，同时也通过的客户服务来发展扩大企业的客户群体，实现利润的创造与发展，这就是企业的营销模式，也是打仗的方法。

同样是打仗，有战争、战役、局部战斗之分，还有阵地战、运动战、游击战之分。能够打赢一场仗，需要包括战略家、军事家、战术家、基层指挥员、战士们的共同努力。

既知道哪个方向是对的，又知道小事细节重要的人，才能配做"大家"。但最大难处是如何让团队中每个人都明白小细节的重要性和可运用性，部属可以不明白战略，但必须让其理解战术，即方式方法，也就是技巧。团队领袖的感召力就是让每个人向同一个目标用力，打阵地战尤其重要，阵地战突出的是团队精神。而打游击战突出的是个人英雄，能够体现个人精明和才智，但是单打独斗的游击战，永远只能做"寇"，永远做不成"家"。

诺曼底登陆与一场游击战的本质区别在于其所需要的系统性谋略的不同。同是一场战斗，战略家（英明人）、军事家（高明人）、战术家（精明人）共同参与的战役肯定是一场诺曼底登陆式的宏大场面，它的决策来源于系统战略统筹。而单纯的局部打仗是军事家的事，打架是战术家的事，能打群架的人或者说能打战役的才称得上是战略家。

企业战略是战略家对产品、客户、运营这三者运用营销模式、内控模式与服务模式指挥一批人打的一场群架、一场战役。

四、成长战略

企业尤其是中小企业的成长迫切需要与之相适应的成长战略，企业就如自然界中的生物一样存在于一个非常特殊的生态环境之中，由企业赖以生存的外部环境和所有的利益相关者群体构成了一个复杂的生态环境，可以说现代企业成长的"不确定性"是企业唯一确定性的生存环境。"不确定性"伴随着企业成长的每一个阶段、每一个环节,当"不确定性"成为一种确定性的生存环境时,企业应该怎样去制定成长战略,这就要搞清楚,企业的成长到底基于什么样的土壤和环境?企业成长战略的制定优先考虑的问题是什么?

我是做企业的,我知道一个企业成长会遇到许多困难和瓶颈,所有做企业的人都明白一个道理,那就是你一旦拥有了一个企业,你就处在了一个不进则退、一退则亡的境地,因而,所有企业家的压力都很大,这种压力来源于"企业"这个具有生命体征组织生存本能的要求。一个企业失去成长性,就等于失去了生存下去的机会,因而制定企业成长战略是企业自身的生存需要,也是考验一个企业家战略洞察力的主要依据。企业成长所需要的土壤和环境往往与时相悖,这就是说企业往往是在逆境中居多,从产品周期理论上说,企业的顺境都是暂时的,因为市场在变化,客户的需求在不断提高,产品从诞生的那一刻起,更新换代和推陈出新就成为了企业的战略主题。要想扭转这种逆境,企业家必须有在"企业中创业"的意识,也就是要立足企业这一创造财富的平台,去发现快速增长的行业,而后研发属于这个行业的产品,做这个行业的产业是摆脱困境最有效的战略之一。

制定研发战略,说到底是在制定改变企业生存土壤和环境的举措,这是企业成长战略中的根本点。而产品优先的理念,优先考虑产品的市场因素,制定研发战略,则是成长战略的出发点。立足于这个根本点,去发现快速增长的市场,然后将市场细分化,找出将产品转化为商品的最佳契合点,这个过程就是营销。因而设计什么样的营销模式是至关重要的。营销模式首先要考虑企业与环境的交互作用对成长战略的影响因素。许多营销模式偏重于产品本身信息的推广和传递,而往往忽略了产品所承载的企业信息尤其是企业文化的传播,这样的结果是客户仅仅根据需求去决策购买,购买的是用途而缺少了欣赏和对文化的倚重。相对而言,客户对企业文化的倚重往往比对产品的倚重更有价值,因为对产品的倚重是需要,而对企业的倚重是信赖。如果这个理念成立的话,我们在制定企业成长战略的时候,就应该在产品优先的基础上,设计能够体现企业文化价值的营销模式,而不是单纯地推广产品,推广企业文化形象有时会对产品的销售起到事半功倍的效果。

另外，企业成长战略还应该多注意开发无形价值链，比如企业内部管理机制的规划、企业远景规划、企业人力资源开发、企业文化开发战略等等。在无形价值链中，企业的内控模式最为重要，内控模式直接决定了运营质量和服务模式。

传统的企业成长战略往往只注重有形资产的开发，其主要表现为对现有人力的最大利用、加班延时以及减员增效，等等，这些仅从有形产品或现有服务的技术质量等方面寻找改进的做法，往往忽视新的价值的开发。因而许多企业会通过加大现有设备的利用率来降低成本，以期获得最大利润。即使行业开始萎缩，产品已经落后，没有通过价值链的创新重新改变现状，使得企业只是一味地固守于现有行业，固执地相信差异化经营的功效，盲目地进行市场细分，而不去从内控模式上提高运营水平。殊不知普遍的差异化已成为事实上的无差异化，这必定会造成企业陷入困境。

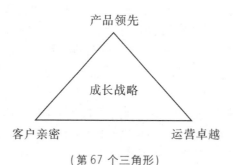

（第67个三角形）

每个企业需要建立一个自己的成长战略。但在具体的操作中，很多企业建立的却往往都是一些虚空的、不能立足和无法执行的东西。问题出在哪里？从根本来说，就在于我们对什么是企业的成长战略、企业的成长战略包括哪些内容等问题始终是不甚了解。

一个企业的战略内容包括了产品、客户、运营这三大要素。产品通过营销提供给客户，企业通过服务模式向客户传播文化，而产品又通过企业的内控模式得以规范和完善，因此这三者是紧密相扣、秤不离砣的关系。所以，一个企业的成长战略中包含了营销模式、服务模式和内控模式。制定企业的成长战略也可以通过这三个要素来展开。

第一，领先的产品特征，是企业的研发战略。要通过产品的定位和研发来确保企业利润的来源和企业生存的根基。毕竟，一切都是以产品说话的，没有优质的产品，运营再好，客户再忠实，也都只能是雾里看花、水中捞月，所有的努力都是徒劳的，因而产品优先意识在企业成长战略中极为重要。

第二，亲密的客户关系，是企业的商业战略。我们不仅要对客户进行精准的定位，同时也要对客户进行研究与开发，要扩大我们的客户面以及对客户的影响力。客户群体的扩大永远都是企业得以发展的前提，也是企业充满活力的基本要素。

第三，卓越的运营管理，是企业的文化战略。运营管理是企业的常青树和原基石。企业没有管理，就好像军队没有组织一样，纵然武器再强大，单兵作战能力再威猛，对对方的情报工作再透彻，也只能是一群无头苍蝇，真正要投入战场，也只可能打败仗的。

企业文化，是企业为解决生存和发展的问题而树立形成的、被组织成员认为有效而共享，并共同遵循的基本信念和认知。企业文化集中体现了一个企业经营管理的核心主张，以及由此产生的组织行为。这里包括了老板文化、老员工文化和会议文化三方面。老板的智慧、能力、魄力等人格魅力都是老板文化。老员工的能力、经验、责任心、技术、被员工所接受的硬软环境而形成的行为习惯等都是老员工文化。聪明的管理者，会在新员工和老员工之间谨慎搭配，做好"防火墙"工作。会议文化就是沟通的文化，是一种沟通形式，它能够采集个人和团队的意见，最后形成决议性质的方案，它直接影响执行力，是内控模式中最常用的解决问题的办法之一。

以上三个方面的战略组成了企业的成长战略，再加上策略、战术、措施的联动和融合，企业才能形成长久的发展条件。

五、行业品质战略

品质与品牌不同，品质是品牌的内在保证，品质不好，无论人或者物，都不会获得有口皆碑的品牌形象。品质对人而讲就是人性，就是一个人的行为和作风所显示的思想和品性道德。品质对物而言就是物质的质量，就是老百姓经常所说的是不是好东西。品质延伸到企业层面，就是这个物品所包含的技术含量、物品内在信息状态以及承载的企业要素，即人、财、物、服务等水平，品质是一种质量标准的衡量和评测。

品牌是一种标识体系的总称，是名称、术语、标记、符号或图案，或是他们的相互组合，用以识别企业提供给消费者的产品或服务，并使之与同业产品或服务相区别。

我在这里所要阐述的是品质战略而不是品牌战略，当然二者之间是有着密切联系的，比如品质与品牌的许多元素以及评价指标存在着相互包容的关系，概念上也存在着相互交叉的部分，但是二者的区别是十分明显的。很多企业家都懂得品牌战略的制定和实施，而常常忽略了品质战略的建构，这不仅仅是概念上的混淆，而是许多品牌战略都不是建立在品质的基础上的，是一味地相信包装、宣传、营造等低级的品牌营销手段，结果给人的是金玉其外、败絮其中的印象，这就是低估品质战略的后果。

行业品质代表了企业整体形象，尤其是品质的元素里有更多的道德、精神的成分，比如一个企业的慈善募捐活动就直接体现了这个企业的社会责任和企业良心，这是企业品质的表现。而品牌更多的是体现产品本身，这个企业的产品质量和科技含量才是品牌的范畴。

品质战略和品牌战略都是企业的核心竞争力，品牌战略是市场经济中竞争的产物，品质战略的本质是塑造出企业的核心价值观。毫无疑问，品质战略决定了品牌战略的制定和实施，而品牌战略也会促进或者影响企业的品质战略的建设。

品牌是一种识别标志、一种精神象征、一种价值理念，是品质优劣的核心体现。而品质决定了品牌的内在价值。

我们以房地产行业为例，来剖析品质战略的形成和价值。

产品品质是一家企业保持长盛不衰的根本，那么对品质提升不懈追求的战略规划可以说是企业竞争力的核心。质量的提高是一个以客户为导向的、持续改进和优化的过程。

例如房地产企业也有他们自己的品质战略要求，包含了房地产行业经营的三个阶段的品质控制：在规划设计阶段，要求精细化设计准则；在工程建设阶段，要求毫厘无差的工程标准；在产品销售前后阶段，要求细心的客户情感服务。

(第 68 个三角形)

  站在客户的角度给自己挑毛病,就应该从产品的规划设计开始。
  楼房的规划设计方面,除了包括建筑构造、建筑设计、结构设计、给排水设计、建筑电气工程设计等基本方面,同时,建筑的声、光、通风、景观、智能化和低碳绿色等方面,做到无一遗漏,这就是设计的精细准则。
  房地产工程质量控制特点是:影响因素多;每幢楼都是一个新产品,而且是唯一的一次性新产品。房地产施工过程中工序交接多,隐蔽工程多,若不及时检查,容易出现质量隐患。房地产施工质量检查时不能解体,结构建成不能更换。所以就要求我们事前、事中、事后都要及时有效的控制,做到毫厘无差的工程标准。
  决定品质优劣的是企业的核心价值观,是道德和社会责任,一个缺少道德约束和社会责任的企业,是不会有优质的企业品质观念的,这样的企业无论在品牌战略上下多大本钱和精力,最终都是竹篮打水一场空。近几年,许多轰然倒闭的企业就说明了这个问题,许多企业的倒闭不是因为品牌形象不好,而是企业品质出了问题,比如三鹿奶粉,它曾是中国第一大乳业品牌,但是这个企业的品质出了问题,大量制售毒奶粉,坑害一代人,自己也落得一个悲惨的下场。品牌可以营造和塑造,而品质只可以脚踏实地地积累,品质是内敛和修养。因而,一个企业不注重自身品质建设,没有一个高尚的企业核心价值观,那么不管多么响亮的品牌都是暂时的。

第三节　企业管理策略的三角形态

◎ 一、企业盈利的能力

影响企业盈利能力的因素很多。从财务指标上看，主要包括国家政策、经营模式、资本结构及资本效率、利润及利润质量，等等；从非财务指标看，主要有非物质性因素对企业的贡献、盈利能力的可能性与现实性的结合程度、企业经营主体的多元化、企业的创新能力、经营过程与企业发展趋势，等等。在企业利润的形成中，营业利润是主要的来源，而营业利润高低关键取决于产品销售的增长幅度。产品销售额的增减变化，直接反映了企业生产经营状况和经济效益的好坏。因此，许多企业高层管理人员往往比较关注销售额对企业盈利能力的影响，因而将提高销售额作为企业盈利的最主要手段。然而，影响企业销售利润的因素还有产品成本、产品结构、产品质量等诸多因素。影响企业整体盈利能力的因素还有投融资情况、资金的来源以及资金结构，等等，所以仅从销售额来评价企业的盈利能力是不够的，有时不仅不能客观地评价企业的盈利能力，而且还有可能出现一叶障目，把企业真正盈利潜力埋没，所以我们应该细致地掌握企业盈利能力的诸多因素以及它们之间的联系。如何提高企业的盈利能力不能仅仅从销售额上下功夫，应该把销售额与其他可能的盈利因素结合在一起去挖掘盈利潜力，这样才能提升盈利能力和利润质量。

众所周知，企业的利润主要由主营业务利润、投资收益和非经常项目收入共同构成。盈利能力是企业赖以生存的首要标志，获取利润是投资者办企业的初衷，是企业的主要经营目标，也是企业实现持续稳定发展的根本保障，因此，无论是企业的投资者、债权人，还是经营管理者，都非常关心企业的盈利能力，盈利能力分析在财务分析中占有重要地位。对企业盈利状况以及未来的盈利潜力做出的科学的分析和深入挖掘，是每一个企业必须要做的例行功课。因而，我根据管理企业的实际经验，探讨影响盈利能力的结构性的诸多因素以及它们之间的联系，或许能起到抛砖引玉的作用，给大家以启示。

（第 69 个三角形）

分析一个企业是否成功，其最重要的指标之一便是盈利能力，盈利能力就是企业获取利润的能力。企业要发展，增长的利润就是最好的保证。

努力把潜在客户、准客户变成消费客户，这就是我们销售第一步要做到的。客户的消费购买会产生利润，而客户的每次消费购买和是否重复购买都会对企业的利润产生影响。顾客的初次购买，产生的利润可以说是微乎其微的，如果没有重复购买的话，这也仅仅是企业的收入而已，还谈不上利润。

对于企业来说新老客户固然都很重要，但服务好老客户实际上比开拓新客户更重要。在传统的认识中，有相当一部分公司的确只重视吸引新客户，使公司将管理重心置于售前和售中，造成售后服务中诸多问题得不到解决，从而使现有客户大量流失；同时，公司为了保持销售额，又不得不不断补充新客户，如此不断循环，这就是著名的"漏斗原理"。

以房地产开发为例，很多楼盘的早期业主往往是楼盘的"最佳销售员"，因为这个楼盘有 40% 的买家是通过朋友介绍购买此楼盘的，这就是我们常说的"口口相传"的"口碑营销"。因为他们的朋友就是早期业主，他们对所居住的楼盘的综合素质最有发言权，也最有号召力，相对楼盘信息，他们更相信的是朋友，因而对楼盘的了解开始于对朋友的信任，他们的购买的决定性因素，很大一部分是受了朋友的影响。所以要想让客户为你介绍新客户，必须要先服务好你的老客户。许多研究也表明对服务满意的顾客会把这种快乐与 2~5 个人一起分享，然而一个不满意的顾客会对 7~15 个人诉说。二者的影响程度显然是不对等的。

所以，一个企业的盈利能力不仅表现在让客户购买，而在于让客户能否重复购买，更重要的在于能否做到让客户推荐购买。

顾客的初次购买仅仅是产生交易的收入，而客户的重复购买才能真正产生企业的利润，这才是企业利润增长的源泉。

对于一家企业来说，最重要的是经济效益，就是能否产生净利润，而口碑营销恰恰能以最低的营销成本带来客观的效益。口碑的经济价值也许很难精确评价，但是人们可以很容易地推断出其经济数量的重要性。我们大致可以从顾客满意度的提升所带来的收入增长程度，来对口碑的价值进行初步的测评。顾客的推荐购买，就是顾客心中的价值向潜在客户的转移，对于企业来说，顾客的推荐购买是成本最低的交易，也就是产品的溢价部分。

溢价最大化，顾客的推荐购买可以说是企业净利润的最重要来源，也是企业的盈利能力的最终体现。

二、总成本

总成本领先（简称成本领先）战略是哈佛大学商学院著名教授波特（M. E. Porter）在其著作《竞争战略》中首次提出，并在其姊妹篇《竞争优势》中加以展开的。波特教授提出了企业获得竞争优势三种基本战略：①总成本领先；②差异化（又译"标歧立异"）；③目标集聚（又译"集中一点"）。总成本领先和差异化战略是三种通用战略中最基本的两种，目标集聚战略不过是把前两种战略用到较小目标市场中。我想在总成本领先这样的思维基础上，探讨成本控制的有关因素之间的联系。

总成本领先战略是指通过有效途径，使企业的产品单位成本低于竞争对手的成本，以获得同行业平均水平以上的利润。波特教授认为，一个行业内只能有一个成本领先企业，成本优势的来源因产业结构的不同而不同，源于一个企业所从事的价值活动的成本行为及其每一价值活动成本行为的各种结构性驱动因素，包括追求规模经济、标准化、专利、专有技术、地理位置等。我们知道总成本是企业在生产经营过程中发生的各种耗费按照一定的对象进行分配和归集的总和，企业在生产经营中始终不懈的工作就是要控制成本，正如波特所说："在这种战略指导下，企业的目标是需要成为其产业中的低成本生产厂商。"这就是说控制成本成为企业竞争的手段之一,那么我们控制总成本应该侧重于哪一方面呢?研究总成本领先战略于企业的总体战略目标的实现到底有什么样作用,我们知道一味地强调成本的控制,其风险在于致力于降低内部成本的同时忽略市场、技术和需求的变化,也就是降低创新能力,这使得重大技术变革有可能使原来已建立起来的成本优势化为乌有。因为成本与技术质量有着正比的关联,质量的提高往往意味着投入的增加,现代企业的产业环境、技术和战略都是在不断变化的,因此,我们在探讨如何使总成本战略能成为企业的核心竞争力的时候,要全面了解总成本的构成因素之间的联系,正确掌握单位时间内的制造成本,降低交易成本,提高交易成功率,平衡时间成本与制造成本以及交易成本三者关系,将总成本控制在科学的、合乎市场规律的基础上。

(第70个三角形)

任何一个企业,在追求效益的同时,也是非常注意对总成本的控制的。因为很简单的道理,成本降低一分,也就意味着利润可以增加一分。

那么企业生产的总成本包括哪些要素呢?很多人都会知道制作成本、交易成本,大家往往却忽略了一个很重要的时间成本。

(1)制造成本。制造成本就是企业在进行产品的生产、销售时,所耗费的材料、人工、物资等的成本。这些成本都是实实在在的、可检查可控制的,因此,在进行总成本的计算时,制造成本往往都是最容易核算,也是最不容易出现大量死账、坏账的。

(2)时间成本。时间成本就是企业从投入成本、组织生产、市场销售到回笼资金所耗费的时间过程。耗费时间越短,企业的效益就越高,两者之间是反比关系。时间成本的计算相对复杂一些，但也是可以进行衡量的。通过对成本和时间投入的核算上，也可以得到相对具体的时间成本数据。

（3）交易成本。交易成本是指企业为了达到这个交易的行为和结果所付出的成本，包括有宣传、推广、公关、客服、结算、财务、售后等诸多环节。虽然现今是信息化社会，但企业间用于交易的成本越来越大，甚至很多时候都超过了制作成本和时间成本。这是因为诚信体系的没有建立或者完善所决定的。有时我们如果忽视或者吝啬交易成本的付出，所做的努力就可能会功亏一篑，原本可以达成的交易也有可能付诸东流。

总成本包含了上述三种成本。总成本的控制，既要对这三个成本各自之间的控制，同时三者相互之间的控制与最大化的利用也是非常重要的。例如房地产企业，在建房之初就通过一系列营销活动，引起消费者的关注，从而降低了销售过程的时间成本与交易成本。

三、营销过程中的价值拓展

如何把公司的产品提供给客户，是一个艺术性的话题，这个话题有一个经济学的名词——营销。营销学上是这样说的："营销是关于企业如何发现、创造和交付价值以满足一定目标市场的需求，同时获取利润的学科。"（源自百度）。我在实际工作中发现，通过销售手段把产品提供给客户的过程是可以艺术化和人性化的，可以通过人文空间去创造价值。

我研究过许多营销成功的案例，得出结论是：最成功的营销不是传媒广告和平面推广所形成的品牌形象，而是服务所形成的人性空间的拓展所形成的信任和拥戴。人在社会空间里会有一种信赖感，所谓置身其中、眼见为实、参与其中、乐在其中。传媒与平面的信息往往是一种诱导，尤其是铺天盖地而来的广告会造成情感上的逆反，而"润物细无声"却能悄悄地拨动心弦，这就是营销空间所能产生的价值。

房地产营销人员一定都知道，即使你多么能说会道，都不如售楼部里的一杯热咖啡，有时你的形体语言会比售楼书更有说服力。聪明的销售人员会淋漓尽致地发挥售楼部本身的作用。比如他们会把售楼部布置得更有家的味道，他们会利用售楼部内充足的阳光，在寒冷的冬日与客户坐在阳光里，不提售楼的事，而是像朋友一样谈些家长里短，无形中就拉近了情感。他们会把售楼部的装修风格与楼盘的品位巧妙地嫁接，从而彰显楼盘的特点。营销的本质是赢得客户情感上共鸣，当营销的空间里能有足够的温馨与温暖，那么客户从情感上就走近了你。

空间的作用已经为许多企业所发掘并广泛利用。比如一些房地产企业会邀请客户参与设计，听取他们的意见。有的在小区里，辟出一块绿地，供业主种植纪念树。有的会让业主或者准业主参与小区的识别系统的制定，有的邀请目标客户为小区撰写体现小区文化价值观的标语，等等。这种利用空间的营销活动充分尊重了客户或者目标客户欲望的感受，得到尊重是人的一种欲望，当这种欲望得到满足时，会直接影响一个人的消费心理和购买决策。这种参与性质的"隐形营销"往往会起到事半功倍的效果。

任何事情都讲究天时、地利与人和，营销也不例外，而与时间、人物相衔接的空间，却在营销过程里潜移默化地产生着重要的价值。

（第71个三角形）

例如耳熟能详的国际咖啡品牌神话——星巴克，你会发觉他们的营销广告做得很少，几乎是没有，而这也是他成功的秘诀之一。其实细心的人会明白，星巴克走的是一条隐形的营销之路，他将投放在广告上的花销，全部放在自己的品牌店里，通过空间产生出更多的品牌效应，让顾客身临其境地完全领悟其品牌内涵，不需要过多的营销手法，就能轻松地收获品牌的铁杆粉丝。

如今的人们随着生活节奏的加快，亟须要有个属于自己的小空间，而家与办公室总会被熟悉的人或事务打扰，而星巴克正好营造这样的氛围环境，他们除了在销售咖啡上，对当次返回有免费赠送一杯咖啡的举措，而且其店内提供的免费上网功能，能够让更多的商务人士、白领一族及年轻朋友等，都愿意待在此地。即使进店的顾客没有消费也没关系，因为这都是无形营销的策略，会让顾客觉得店内环境不错，以后约人见面是不是也可以选择此地等。

坐落于城市中心商圈的休闲场所，是众多商务人士会面洽谈事务的首选之地，这无疑打开了星巴克的又一个空间营销领域。针对会面地点的选择，人们不需要过多地与对方交代其地址如何到达，醒目且易找的星巴克的标识，就是最好的方向标。随着信息时代的到来，使得人与人之间的沟通交流更少，而轻松舒适的环境空间，能给人们提供最佳的人际交流空间。这也成就了其品牌营销的策略，口口相传，广而告之，无形之中就节省不少广告成本，增加了其品牌价值。

任何品牌价值的营销都离不开其产品，而用于展现其产品的空间地域也是最好的营销平台。星巴克就有专门的店内饮点展示区，不论是台面上、单子上的饮品，还是去展示最新推出的口杯系列及一些附属产品的区域，都让人感觉简单与卫生，能够让顾客放心与安全享用。

从营销管理学的视角，不难发现其无形空间打造出的价值，远超出我们可以想象的范围，从侧面引申出营销能够更加的多元化，不单单是针对其产品本身来做文章，可以多加利用其第二空间、第三空间，或者人为地开发出更多的空间来，让时间与人更有机地整合，以空间为主体，以人为本体，让品牌与产品更满足公众需求，无形间打造出品牌的非凡价值。

本章小结

我在这一章里没有涉及太多的学术术语，这不仅仅是我对一些管理学学术术语理解上的问题，而大多是我更愿意把在生活工作中的一些真实的感悟奉献出来与大家分享，因为我觉得这些感受更真实，与实用性的距离更近。

用三角形来解释一些管理学领域的一些问题，我觉得有些问题的难度就变得十分渺小了，这是一个把大问题简化为小问题而务实的一个方法，我不知道别人是不是也有着异曲同工之感，起码我是感觉到了三角形这一神奇的图形在管理学领域的奥妙。

管理是一个组织系统为了达到特定目标，而进行的计划、组织、领导、控制、创新的活动过程。经济组织管理的直接目的甚至所有目的都是利润最大化。以利润最大化为核心价值观的传统管理，远离价值追问直奔利益主题，使得工具理性张扬的管理系统偏离和谐的轨道而走向失衡。利益，成了这种管理的最高追求。随着以和谐为共同指向的经济、社会和文明的转型，要求管理也必须相应转到和谐的轨道上来；随着美学甚至哲学在管理领域的延展，要求以求真为唯一的管理转到求真、求善、求美的"和谐管理"理念上来，由此而来，一些企业更愿意花力气来塑造企业形象，更注重企业文化的培养和建设。他们积极参与各种社会活动，把社会责任融入企业的核心价值观之内，增加企业文化的含金量。企业—社会—员工形成了一个价值共同体。员工价值—顾客价值—企业价值实现了有效对接。员工文化—顾客文化—企业家文化构成了基于价值整合的企业文化，其必定是以共同价值观为核心，形成了一个稳定的价值形态，这就是企业文化的价值三角形态。无疑，三角形理论是"和谐管理"理念的基础，三角形自身的稳定性恰恰说明了这一点，稳定是和谐的基础条件，没有稳定谈何发展？我们在企业管理中最怕头绪混乱，但是慢慢地你就会发现：只要能找出其中三个最重要的节点，许多问题就迎刃而解了，有时你事无巨细，反而会起到画蛇添足、事与愿违的结果。即使这样，我也不知道该不该将管理学领域的三角形定义为一个学术术语。我用三角形的结构图形来诠释管理学范畴的学术现象，更多的是一种思维习惯。虽然关注了这个现象，但是我确实没有完全探究到它的实质，我所掌握的管理学领域的三角形视阈应该还在入门阶段。越是这样，我觉得这一现象的可探究的内容会更多，并且一定会更有价值，无论学术上还是在实际工作中的应用上，管理学领域的三角形现象会被更多的人所重视，一定会引起更多人的研究和运用，如果能从研究和运用中发现美学因子和哲学的感悟，那么是不是管理的本质又上升了一个高度呢？我想这是必然的，果真如此，必定是学术上的一个突破。

　　三角形视阈的管理模式为管理本身塑造了和谐的魅力，古希腊哲学家赫拉克利特认为，和谐产生于对立的东西。而管理学研究的就是如何将这些对立的东西放进一个篮子里，使其共生共存，共生共荣。我们很多的工作都是在相互磨合，人与人之间的磨合，人与自然界的磨合，磨合的目的是寻求相互包容的那一个节点，找到那一个节点就是和谐的开始。文艺复兴后许多思想家都把"和谐"视为重要的哲学范畴。我认为和谐是居于一定高度的价值观下的社会理想所构成的稳定的社会状态。管理学上就是"以人为本理念"的根植而不是单纯的运用和浅表性的倡行，以此为研究对象的学问就是基于和谐的管理美学，管理能够多的体现哲学的意义，才能深刻体现人性的本原，才能发挥人的主观能动因素。所谓基于和谐的管理美学，即美学在管理学领域以和谐为介质的自然延伸。和谐的理念、管理的智慧和美学的飘逸构成基于和谐的管理美学的基本特征。而哲学意义是三角形稳定而又不拘于单一形式的结构所带来的人性的释放，这并不是单纯地以人为本理念所能达到的管理境界，而是营造了尊重、安于本职、开拓进取的人文环境，营造了企业的社会责任，让企业从善，有社会良知，有普世爱心，这样的企业才会走得更远。

　　基于和谐的管理美学是趋利性的经济活动拥抱人文精神的结晶：求利与求美在和谐的旗帜下实现双赢；科学精神与人文精神在和谐的轨道上完成整合，因而，不要小觑了三角形的力量对管理本质的影响，管理的本质是和谐，这种和谐让本是不同角度认识商品价值的供需双方拥有了共同的价值理念。而和谐就是以价值观和理想所构建的生存的稳定状态。我努力把管理实践中遇到的问题用三角形来"化解",就是想去探索管理学视阈中所存在的人际间关系复杂问题,老板与员工、中层与基层、企业内部与外部等,都需要一个稳定的人际关系,而这种关系如果建立在共同的价值观和共同的理想基础上才是最稳定的,无疑,处理好这种人际关系会为企业发展提供长足的后劲,会为企业赢得最大的效益,实现和谐管理,企业的管理工作就会进入一个最佳状态。

下 市场营销篇

- 第六章 营销战略的三角形态
- 第七章 消费需求的三角形态
- 第八章 产品生产的三角形态
- 第九章 服务成交的三角形态

第六章 营销战略的三角形态

　　随着营销活动在商业活动中扮演着越来越重要的角色，营销已经成为一门独立的学科被越来越多的企业家和学者所关注，营销已经从单纯的产品宣传、品牌包装、策划推广发展为多元的商品会展、专题推介、高端论坛等形式。营销赋予了产品更多的文化附加值，承载了更多的企业良性信息。越来越多的企业践行着"营销先行"的战略，对目标市场先行实施营销战略规划，无论营销组织还是营销渠道，无论营销平台还是销售结

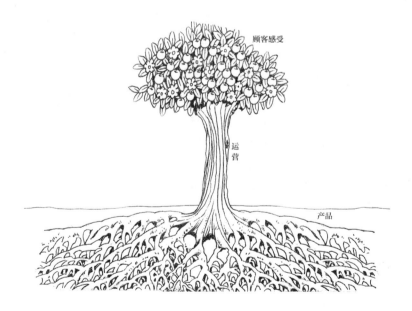

构，无论市场分析还是战略规划，所有这一切的营销活动，我认为都是结构的整合。

在本文中，我所谈论的焦点不在现代营销学的理论范式，而是营销学的结构逻辑范式。以前鲜有人注意到营销学的结构规律，但是大家对如何将诸多的营销手段和模式来综合运用却是轻车熟路，并将之称为"营销整合"，我认为"营销整合"就是营销结构的一种调整过程。之所以我将"营销整合"称之为"营销结构调整"，是因为营销的各个环节和营销的思维方式以及营销结果都存在着相互依存和相互转化的关系。统一营销平台上符合某一种级别的关系模式的集合，构成了一种营销态势，它有效地通过营销资源的最合理的调配将产品或者企业信息打包并快递给消费者，因此，产品—营销—消费者这三者之间就形成了一种结构契约，这就是公认的营销模式。模式就是一种结构形式，只不过我们习惯了将之称为营销模式而已。但是从逻辑学的角度出发，变换模式和调整结构却有着本质上的区别，变换或者转换模式是形式上的变化，而调整结构往往就是从根本上改变了营销的性质和目的。因而结构形式包含了营销各个元素之间逻辑的联系，调整结构是在改变营销元素之间的逻辑关系。带着这个问题，每一次的营销活动案例，我都会认真关注营销的每一个细节，试图从中发现成功营销活动的某种逻辑关系，因而探索有关营销学的结构问题，是我的一个兴趣。结合我长期在企业工作中的一些体会及营销经验，我发现能用一种特殊的结构范式去设计营销的模式，并能恰到好处地体现营销的目的，尤其是能够快捷地找到营销整合的诸多因素中最重要的部分，而实现营销效益在最短的时间内得到体现，其实这是为营销活动提供了一条捷径，我觉得有必要把这个总结写出来与朋友们分享。

现代意义的市场营销思想是与我的商业经营思想同期而生的，从早期做一些小生意开始，我就十分注意营销在生意中的作用，注重营销自己，其实每一个成功的商业人士都是从营销自己开始的。

第一节 市场的本质

一、市场本质

狭义上的市场是买卖双方进行商品交换的场所，而广义上的市场是指为了买卖某些商品而与其他厂商和个人相联系的一群厂商和个人。市场的规模即市场的大小，是由参与购买的人数和购买能力来决定的。根据杰罗姆·麦卡锡《基础营销学》的定义：市场是指一群具有相同需求的潜在顾客，他们愿意以某种有价值的东西来换取卖主所提供的商品或服务，这样的商品或服务是满足需求的方式。从市场和企业的起源和相互关系及发展的逻辑角度分析认为，市场的本质属性为市场交换的主体和客体间形成的交换场所、关系、行为和所形成的机制的综合体。

（第72个三角形）

市场是商品交换顺利进行的先决条件，它包括了顾客、产品、渠道三个基础要素，三者间有一个本质性的契约，那就是市场是兼顾顾客、产品、渠道的商品经济运行的载体或现实表现。在市场体系中，顾客、产品、渠道在市场的属性中均有其特殊功能和角色，三者相互依存、相互制约，共同作用于社会经济。三者之间相互联系的含义：一是商品交换场所和领域，二是商品生产者和商品消费者之间各种经济关系的总和，三是有购买力的需求，四是现实顾客和潜在顾客。劳动分工使人们各自的产品互相成为商品，互相成为等价物，使人们互相成为市场。社会分工越细，商品经济越发达，市场的范围和容量就越扩大。

营销工作的战场，就是市场。每一个市场都是由顾客、产品和渠道来构成的，经营者都在为争夺客户而不断战斗。市场的本质说到底就是一个产品通过渠道抵达顾客的过程，兼顾了顾客—产品—渠道的商品流通模式。以物易物的商品交易方式，不讲究公平性与便捷性，交换对象就是顾客。当你需要某种物品的时候，你可以用你拥有的同时刚好是别人需要的物品来交换。出现等价交换的市场从诞生到发展，都是因为人们的物质需求所驱使。市场是自由的物质交换场所，是人类创造财富的强大工具，是促使产品不断升级换代的动力。

二、市场经济的特征

市场经济的基本特征有三个方面，一是基本属性特征，二是微观特征，三是宏观特征。基本属性方面的特征一是利益主体多元化，二是追求利润最大化，三是经济生活市场化。微观运行方面的特征一是微观经济自主化，二是经济运行平等化，三是市场竞争激烈化，四是经济交流开放化。宏观运行方面的特征：一是市场运行法制化，二是宏观调控间接化。

市场经济的基本属性在于其多元性。多元性是由利益主体多元化造成的，这里面涉及经济结构以及利益分配形式，是主导市场发展的主要动能。而微观特征所体现的是市场的领导性，也就是单一市场的一元性，市场的一元性往往就是政治垄断或者行业垄断经济环境下的市场特征，它必将会受到二元市场的冲击。多元市场的形成是市场适应消费需要的结果，是经济发展的需要，是消费结构不断变化情况下形成的一种自由化的市场形态。但是，不是说自由经济决定下的自由市场，走向多元化之后就可以摒弃一元和二元形态了。作为一种市场调整因素和市场晴雨表，领导性市场和二元性市场依然是市场特征的重要组成，它们与多元性市场一起都是市场特征的构成因素，三者虽然所处的位置不同，作用也不尽相同，却都是市场繁荣发展缺一不可的因素。

随着消费市场的繁荣，随之而来的是营销渠道模式的洗牌和变革。以中国为例，20世纪80年代初改革开放以前，市场以单元性的国营批发站

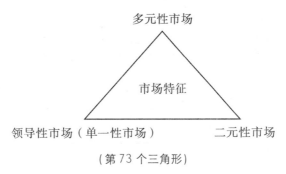

(第 73 个三角形)

为主,即"领导性市场",也被称为"单元性市场"。后来,随着民营个体经营户的涌入,一大批经营公司崛起,出现了民营企业,与此同时,改革开放也使国际资本涌入。市场特征由单一结构演变为二元性:一是现代部门,即以现代化技术为主的经济部门;二是传统部门,例如以传统技术为特征的农业部门。

二元性市场时期,一方面是互联网开始繁荣,民营品牌强势崛起,各类商品卖场蓬勃发展;另一方面,劳动力过剩致使利润增长速度远远超过工资增长速度,其经济特征主要体现为结构性过剩导致相对生产过剩。在经历了一元性市场、二元性市场时代之后,购买力的巨大差别推动消费结构开始朝多阶层转变。消费市场根据消费结构的分层化而渐渐演变为高端市场、大众市场等类别。多元性市场结构整体而言可以用"百花争妍"和"适者生存"来形容。显然,市场的这一特征是随着市场和消费结构的演变而来,而非"人力"争夺所形成。

三、竞争的意义

竞争是商品经济的最本质特征之一,商品经济必然存在着竞争。竞争在商品经济发展中发挥了巨大的作用。个人或者群体以及企业在一定范围内为谋求他们共同需要的资源而进行比较、追赶和争胜,是一种正常的生存态势,正是这种态势,实现了企业间优胜劣汰的生存法则,实现了人类社会的进步。竞争能激发创造的潜能,也可能导致毁灭,因此,如何认识竞争,如何在竞争中怎样保持一种积极的状态,已经成为许多人思考的问题。

（第 74 个三角形）

有人认为，既然是竞争对手，那就没有合作共赢可言了。其实不然！真实的情况是，即便是竞争对手，我们依然可以找到共赢合作的空间，关键在于我们能不能以建设性的视角来理解问题并采取行动。

如何从多角度去分析公司能够与竞争对手达成共赢局面？这确实是一个难题。难就难在我们都想发展更多的客户资源，都想让自己公司的品牌深入消费者心中。这时，差异化的思维很重要。对手产品肯定有它的优势，不同的产品优势可以针对不同类型的消费者，同类产品的公司实现强强联手也未尝不可。譬如，A 游戏软件开发公司开发的游戏软件主要针对青少年益智教育方面的，那么 B 游戏软件开发公司可以不在益智游戏软件上多花功夫，而是可以开发一款中老年人玩的节奏平缓的有趣的休闲游戏，各取所长，各有市场，这样可以避免在市场上的正面冲突。

公司的建设在完善的过程中，有很多需要向对手学习的地方，因此通过与对手的竞争，公司也可以学习强大对手的优胜之处，这是公司走向强大、实现共赢的另一种方式。网络流传过的一句话："不怕神一样的敌人，就怕猪一样的队友。"相信很多人都愿意自己身处的工作环境在起步阶段属于鸡立鹤群，而不是鹤立鸡群。当然，公司的建设离不开竞争对手的强大，遇强则强才是一个具有发展潜力的公司。积极寻求与竞争对手的共赢方式的竞争，而不是一味地冲突，既合作也参与公平竞争。这就是竞争的意义。

四、市场格局

世界经济进入全面发展新阶段，全球化市场格局将发生重要变化，科技进一步成为动力源，矛盾、碰撞会全面展开，传统的资源分配机制与贸易游戏规则受到挑战。然而，机遇总是与挑战并存。一方面，竞争进一步加剧，恶性竞争、行业垄断、资本垄断、金融垄断等问题会直接冲击市场格局的道德底线，道德等问题会更加凸显。与此同时，全球化与区域化并存与融合的市场格局将为越来越多的人所认同。随着经济全球化在经济、政治、文化等领域中作用的日益凸显，发展中国家面临着实现经济发展和赶超发达国家的前所未有的机遇，但同时也给发展中国家的发展带来了诸多负面影响。发展中国家必须采取相应的对策和措施，在这把"双刃剑"面前，努力巩固其对本国工业化进程产生的一些积极成果，才能在经济全球化进程的市场格局中立于不败之地。

(第75个三角形)

经济全球化的实质，在于把世界经济作为一盘棋，而盘踞其上的棋子，则是龙争虎斗的各个国家。对于当今全球市场的总体格局而言，不妨将其分为中国、欧洲、美国三大阵营：中国的优胜之处在制造，欧洲的优胜在于品牌研发和设计，而美国的优胜在于营销。一场名为全球化经济的棋局，由各大阵营率众落子而行。

欧洲是品牌和设计的发源地，欧洲人拥有一种特殊的"傻"——他们心机不"深"，喜欢彼此交流想法，不去担心创意会被剽窃，专利遭人抢注，因此，最顶尖的品牌和设计，就在众人的集思下诞生了。这种气氛，在其他地区鲜有听闻。

美国擅长营销推广，似乎是骨子里的血液让他们热情而富有行动力，有着足够坚韧不拔的毅力，去对抗一次次的推销失败、演说失败、竞讲失败——世界上没有哪个国家如美国一般，直到今天，上门推销还是一种较为流行的推广方法，也没有哪个国家，有数目众多的慷慨演讲以及大大小小的竞选活动。由此渊源，美国人最擅长营销，就显得顺理成章了。作为经济第一大国，美国发达的信息传播也为营销作了技术上的保障。

中国擅长制造。或者换一种讲法：中国人多是勤勤恳恳、对自身要求严苛的实战型人才。而"世界工厂"的名声，在现今全球经济一体化的格局中，也是当之无愧的。

五、市场竞争定位

企业为了占领目标市场，需要进行产品定位，以强化自己的竞争优势，这就是市场竞争定位。市场竞争定位的目的，是在目标市场上吸引更多的顾客，塑造区别于竞争者的特色和形象，以求在目标客户心目中树立独特的形象，从而营造一种能够影响客户购买的氛围。

随着买方市场的到来，市场上商品种类增多，企业之间竞争加剧，企业要在竞争中取胜并占据有利的市场位置，唯一的途径就是准确地进行市场竞争定位。市场竞争定位本质上竞争优势的识别差异化，是选择合适的差异化优势及与目标顾客进行沟通的过程，其目的是在目标顾客心目中确立有别于竞争对手的差异化竞争优势。

市场竞争定位并不是你对一件产品本身做些什么，而是你在潜在消费者的心目中要做些什么。市场竞争定位的根本策略在于使本企业与其他企业严格区分开来，使顾客明显感觉和认识到这种差别，从而在顾客心目中占有特殊的位置。企业将自己产品的特点和消费者需求理念紧密融合，通过推出一个特定概念，向大众传播商品所包含的时尚观念、文化情操、科技知识等去实施对消费者生活的影响。必须注意的是，这种影响一定是产品所代表的正能量，在获得消费者的认可之后，才有可能进一步萌发出对产品需求的购买行为。

市场竞争定位是企业营销手段的基本方式。在市场经济条件下，企业

(第76个三角形)

从自身利益出发,以根据地市场、增长性市场、破坏性市场作为竞争手段,旨在提升产品销量,占据市场份额。

何谓根据地市场?根据地市场多为企业发源地,通俗来讲,即家门口市场。在某个行业,想要获得竞争优势,企业必须利用差异化特征来获得竞争优势,并最终实现市场份额和销售利润的最优化。

根据地市场是企业运营过程中的核心支持,它是企业"立业之本"。如江浙家纺企业,想要生存发展,最重要的是在家门口发展直营专卖店,待根基牢固,再考虑发展加盟连锁。先"固本",后"发展",先获得本土竞争优势,合理利用,才有生存和发展之本。

何谓增长性市场?增长即扩张。从企业发展角度来看,任何成功企业都要经历长短不一的市场开拓期。本质上来说,企业只有在扩张市场领域的前提下,才能实现从弱到强的转变。

实施增长性市场战略成功的企业往往更倾向于在内部管理模式、新产品研发上狠下功夫,而非单一的价格战厮杀,因此,这类企业更容易取得规模化的经济效益。

何谓破坏性市场?破坏性市场,简单地说,是企业以颠覆性力量的销售模式进入市场的策略,具体表现为,先破坏原有市场格局,再以自身模式构建新市场格局。值得一提的是,破坏性市场激进、冒险,往往容易"杀敌一千,自损三百",应用不当甚至会扼杀掉自己。

商场上瞬息万变,企业身处市场竞争的激流中,必须找准利好的市场进行市场竞争定位。事实上,无论哪种市场竞争定位,其最终目的都是为企业战略服务,最关键还是在于企业如何使用好这把"利器"。不同的企业产品不同，定位方式不同，竞争定位也不同。因此，企业在市场定位时，只有与竞争对手企业在产品、价格、服务等方面进行比较切割，从市场调研数据中了解自己优劣，扬长避短，进行合理的市场竞争定位，才能够取得最终的市场竞争胜利。

第二节 市场营销的本质

一、产品营销

我在这里做了一个形象化的类比：产品营销就像一棵大树，在这颗"大树"中，产品就是树根，它是整个产品营销活动的生命之源；而运营和营销文化就是树的枝干；树叶和花朵则是消费者对产品的直观的感觉和感受。

我一直在研究"感觉营销"，认为营销就是商家与消费者—产品与消费者—制造商与消费者相互"感觉"的过程。只有相互之间有了"感觉"，才能发生"关系"。这是两相情愿培养的过程。如果消费者对商品或者对商家没有"感觉"，如果消费者对商品或者商家或者制造商"感觉不好"，那么，我们要做的工作就是改变消费者的感觉，努力给消费者一个"好感觉"，这个过程就是营销。

比如一位购房者看中一间房，可是小区所处的位置整体交通组织结构却让这位消费者"感觉十分不好"，感觉不好也就是消费者只见树木不见花朵，因此而迟迟不下单，难以实现交易。那么在这种情况下，正确的营销就是改变消费者的"感觉"，让消费者看见美丽的树叶和花朵。这时，营销人员的唾沫和华丽的辞藻都会显得苍白无力，你只需让消费者感受一下大型超市直达小区的免费接送车，让消费者了解一下区域交通发展蓝图，让消费者了解一下与小区咫尺之遥的农贸市场，等等，努力改变消费者的"感觉"，只要消费者"感觉好"，这就是营销工作已经向成功迈出了一大步。

当然了，所有的产品营销都基于产品的生命基点上，产品的生命中满含着企业的人文精神，他通过产品营销树立着企业的生命形象。

产品营销的目的是将产品转化为商品，实现商品的实用价值，销售的是商品，传递的是企业文化，赢的是消费者认可和口碑，而企业得到的最有价值的不仅仅是获利，而是消费者那份"美好的感觉"，只要消费者把这份"美好的感觉"传递给第二个人，那么企业的产品营销就是成功的。

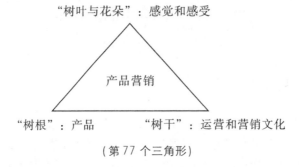

（第77个三角形）

产品的营销是一个分析、规划、执行和控制的过程，是一个从市场研究、确定目标、产品定位到策略规划、计划实施、效果反馈的完整过程。产品的营销包括了产品、运营文化和消费者感受感觉三个部分。

营销首先要有产品，产品就是营销这棵大树的根基。倘若无产品，谈何营销，倘若无树根，谈何生长。既然产品是基础，作为经营者，从产品的质量上、售后服务，还有产品信誉上有一个提高才是做营销的根本，才能奠定好的基础。

其次，产品营销中的运营部分及其营销文化，就如树木的躯干，不仅是整棵树的支柱，也是输送营养的关键，倘若没有树干，怎么有机会枝繁叶茂。所以说，运营显得十分重要，运营就是对营销过程的计划、组织、实施和控制，是与产品生产和服务创造密切相关的各项管理工作的总称。从另一个角度来讲，运营管理也可以指对生产和提供公司主要的产品和服务的系统进行设计、运行、评价和改进，这就是一个企业的文化。故从产品营销的角度上看，做好运营和营销文化才是把握好了商机，才有可能等待百花齐开。

最后，顾客的感觉和感受就是这棵营销树开出的花朵。例如，万宝路的烟草和它给消费者的感觉就是通过吐出来的烟雾表达了一种自由、粗犷的男人气概。所以，客户的满意度通过客户的感觉和感受来衡量。花朵是否漂亮，取决于我们能否达到和超越客户的需求，这是成交的先决因素。

产品、运营和感受是产品营销的一个完整组成体系。

二、营销的组成元素

战略、策略、战术都是军事术语，我们先了解一下军事术语的释义。战略是对战争全局的筹划和指导。它依据敌对双方军事、政治、经济、地理等因素，照顾战争全局的各方面、各阶段之间的关系，规定军事力量的准备和运用。战术是进行战斗的原则和方法，战术的运用根据敌对双方具体情况和地形天气等条件而定。策略就是计策谋略，术谋之人，以思谋为度，故能成策略之奇。（《人物志·接识》）

商业营销理论融合了军事术语的内涵和外延，因而才有了商场如战场一说。把商场比作战场是再恰当不过的了。很多人在商场上摸爬滚打一辈子，最后的感慨都如经历战场一般，收获也只有两种：胜利与失败。

虽然商业营销需要有如战争一样运筹帷幄的谋略，需要如战争一样纵横捭阖的气度，但是商业王国的营销组成更需要的是营销战略、营销策略、营销战术三者鼎力配合。营销是创造、沟通与传递价值给顾客，以及经营企业与顾客的关系以便实现企业以及利益关系人获得收益的一种组织功能和程序。营销的价值导向在于个人或者集体通过创造与传递同他人实现交换产品或者价值以满足需求和欲望的一种社会活动过程。也就是说，交换的双方存在着利益共同点，一方获利，一方获得使用价值，因而营销活动不同于军事行动，军事行动往往是敌对双方的生死较量，而双赢往往是商业营销的最高境界。如果一个商家失掉一个顾客，这不是胜利而是失败的开始。所以在商业营销组成概念中，策略、战略和战术所要达到的目的与军事活动不同，军事活动的目的非常单一，就是以胜利为目标，而商业营销的目的是双赢。

商业营销营造的是一种企业与消费者心灵互通互融的境地，否则，交易实现了，顾客失掉了，这是典型的"一锤子买卖"。市场营销组成指的是企业在选定的目标市场上，综合考虑环境、能力、竞争状况对企业自身可以控制的因素，加以最佳组合和运用，以完成企业的目的与任务。

营销组合是企业市场营销战略的一个重要组成部分，是指将企业可控的基本营销措施组成一个整体性活动。营销的主要目的是满足消费者的需要，而消费者的需要很多，要满足消费者需要所应采取的措施也很多。因此，企业在开展市场营销活动时，就必须把握住那些基本性措施，合理组合，并充分发挥整体优势和效果。

（第78个三角形）

营销由营销战略、营销策略和营销战术三个方面组成，而这三者有着本质上的区别，同时也有着互相联系的地方。

营销战略，指企业在现代市场营销观念下，为实现其经营目标，对一定时期内市场营销发展的总体设想和规划。价值、文化、理念、品牌是营销战略的基本要素。

营销策略包含四种方面：销售组合、产品组合、广告组合、促销组合。营销组合是一种市场营销中用到的工具。1960年，美国营销专家麦卡锡教授在人们营销实践的基础上，提出了著名的4P营销策略组合理论，奠定了营销策略组合在市场营销理论中的重要地位，它为企业实现营销目标提供了最优手段。

营销战术是指企业在决定了目标市场、市场定位后，采用企业可以控制的营销手段进行的组合或策划。一般分为公关、广告、活动、终端、服务五个过程。我们需要掌握两个重点：一是根据市场定位战略的要求，形成浑然一体的市场营销组合；二是依据市场营销组合的要求，对各种市场营销手段进行分别策划，使之能够适应目标市场。

营销中的战略、战术与策略三位一体，三者互相关联也互为条件，要三者有机结合，才是最佳的营销。

营销战略、营销策略的意义就是确保营销战术，销售过程顺畅和达成销售成功实现，企业品牌、产品品牌受到社会和消费者尊重，保证客户忠诚于企业和产品，保障企业盈利目的的实现，持续地为企业保持良好发展的态势。

三、影响产品销售的三角

产品销售受很多因素的影响,当然了我们都知道这些因素可分为以下两类:①企业不能控制的因素。例如宏观经济环境、人口因素、经济因素、政治法律因素、技术因素、竞争机制因素以及社会文化因素等。这类因素决定了市场需要的性质和容量。②企业能够控制的因素。这类因素可以归纳为四个方面:产品(Product)、价格(Price)、销售渠道(Place)和促销(Promotion),简称"4P"。这是企业营销活动的主要手段,一般称为营销因素或市场因素。

我们都知道传统的营销理念中,影响产品销售的主要因素不外乎价格、质量,但是现代营销理念中,产品必须通过营销并被人们使用后,其经济、效益、性能以及审美等目的才能实现,产品设计的目标和使命才可能实现。因此,产品的价值只有通过生产销售的商家与消费者的有效沟通,通过品牌的营造和树立,才能扩大销售量,因而,现代企业更加重视产品价值、客户沟通、产品品牌在产品销售中的关系。

一般认为,产品就是具有实体性(或物质性、实质性)的物品。其实,为满足人们需求而设计生产的、具有一定用途的物品和非物质形态的服务都是产品。因此,产品事实上包括了三方面的内容:①实质(产品提供给消费者的效用和利益);②形式(质量、品种、花色、款式、规格、商标、包装等);③延伸(产品的附加部分,如维修、咨询服务、分期付款、交付安排等)。产品销售中更应该重视非物质形态的因素。

营销因素虽然是企业可以控制的,但如何做出选择,却是大有学问。我们认真分析之后会发现,除了"4P"之外,产品的价值以及营销推广模式中的沟通、产品品牌的打造这些都是属于企业能够控制并且能够做好的工作。因而,我们不但要切实注重产品本身的质量、产品的价格以及促销和销售渠道,还要分析研究产品的价值构成,产品走向市场的姿态、时间和方式,尤其重要的是要产品品牌的树立和建设,现代企业中虽然将品牌建设纳入战略的高度,但是都存在品牌建设不连贯的问题。比如一些企业只注重了产品设计、生产阶段的品牌控制,但是却忽略了售后服务和企业文化在产品上的附加，结果造成企业信誉的流失以至于陷入信誉危机的泥沼，这样就会直接影响产品的销售。

（第79个三角形）

产品销路好不好，其实归因于三大因素：产品本身的使用价值与附加价值、产品销售过程中跟客户的沟通是否良好、产品是否具备品牌价值。如何提高产品的市场销售，理所当然就该从这三个角度出发去考究。

产品的价值，当然是产品是否有价值，重点是使用价值。这是产品的灵魂，如果某产品毫无价值，那它就不能参与市场交易。比如普通石头，它身上没有客户可以直接利用的价值，如果有人当街叫卖，客户是不屑一顾的，因此，要想产品能有好销路，首先就得提升产品价值。例如，如今的智能手机，苹果公司、三星公司在智能手机研发方面做得很不错，系统先进，运行速度快，这就是产品的使用价值高。公司的新产品研发对于公司能否可持续发展起着关键性的作用。

良好的客户沟通，是连接产品与消费者的重要纽带。从事市场营销的人员应当具备良好的沟通技能以及过硬的心理素质，如果该公司的营销者在推介产品的时候态度恶劣，不尊敬客户，那么产品的形象也会跟着受损。

产品的品牌价值，也会影响产品的销售情况。人们选择品牌一般比较偏向于自己习惯使用的牌子，人乃是情感动物，都有怀旧情怀，加上大部分人为了寻求安全感而特有的从众心理作祟，品牌效应的威力不容小觑。如果公司刚刚起步，就只得通过产品的价值提升去开发市场，为自己积累品牌价值。依靠产品质量以及适当的广告宣传都是公司推出新产品所必需的。

同时，我们仍要清晰的是，产品决定一切的时代已经过去，有些时候、有些情况，客户不是为了产品而消费，而是为了品牌价值和心理诉求而消费。比如，苹果手机的产品质量、服务性价比不如诺基亚，但是消费者仍选择苹果手机，因为苹果手机品牌价值大于诺基亚手机，这里面体现了消费者的消费有时尚、科技等因素。

四、营销流程

行业不同营销流程肯定是不同的，但是营销流程的原则性却是相同的，那就是所有的营销流程关注的都是客户的便利性、合理性和自我性。

营销流程重视的主要有这么几方面：首先要在价值方面，罗列出项目所有优于竞争对手的价值亮点，测试对目标消费者的吸引力和满意度，同时探测消费者的负面反应。其次是在规范方面，主要是探询目标客户有哪些已经成型的、不能与之冲突的价值观，以及项目是否与目标客户已经成型的价值观存在冲突。比如了解目标客户的一些禁忌，如房地产销售中的目标客户的风水观念，对朝向的刻意要求，对周边建筑物禁忌，等等。再次是在习惯方面，主要是调查客户无意识中形成的消费习惯，比如房地产销售人员要了解目标客户对生活圈的依赖等。又次是在情感方面，主要是了解客户有哪些方面的情感需求和身份意识等。最后是在身份方面，客户是否有与普通人保持距离的身份意识？客户心中什么样的产品才能体现自己的身份，等等。一个优秀的营销流程一定会重视对客户价值、规范、习惯等方面的把握，甚至直接关乎项目开发的成败。

我这里以房地产企业为例，简单地阐述一下营销流程中客户便利性、合理性、自我性的关系。和传统产品营销一样，房地产营销也可以分为产品规划设计、配套配置、服务；推广形象、传播、宣传资料、公关、分展场、展销会、活动营销；售楼处、样板房展示、现场包装；价格即定价、价目表、价格策略、优惠、折扣；促销即客户积累、开盘选房、抽奖、赠品五大环节，这五大环节共同构成营销模式，即创新、沟通、价值传递、目标市场和获利。我们在细分每一个环节的具体工作时，首先要考虑的应该是"客户的便利性"，以满足顾客需求为中心是营销观念的本质特征。营销绝不等于推销，因为营销开始于公司制作产品之前。营销是经理人评估需求、衡量需求程度与强度并判断是否存在获利机会的家庭作业。真正成功的销售并不取决于推销的力度，而取决于公司满足顾客需求的程度。推广的核心是与客户沟通，包括沟通的内容和沟通的渠道。都离不开客户便利性这一主旨。

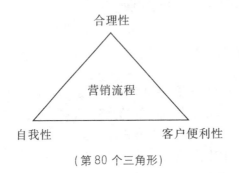

（第80个三角形）

营销流程是指目标客户产生销售机会，销售人员针对销售机会进行销售活动并产生结果的过程。暂且忽略营销流程的整体过程，先了解一下流程中的三个重要的特性——合理性、自我性、客户便利性，把握好这三个特性，才能够在市场营销中占据主导且受顾客欢迎的地位。

首先，合理性是前提。任何成功的营销流程必先确保其合理性，如果整个方案都不够切合实际，不够合理，那就没有实行的必要，因而也不会得到顾客的肯定。这里所指的合理性包含三方面内容：确保企业利益合理、确保生活实际合理、确保顾客认知合理。只有在确保三者合理所制定的营销流程才是真正切实可用的。倘若一个营销流程连合理性都不能具备，另外两个特性的提出也没有意义了，故要在营销过程中不要天方夜谭，为所欲为，要切合实际，注重合理。

其次，客户便利性是关键。大家都知道，顾客是上帝，所以了解顾客需求是十分重要的。在一个调查中的统计数据显示，"银行位置的便利性以及是否布放有ATM"对消费者是否选择自家银行构成了重大影响。从调查中可以看出，便利性成为现代银行竞争的利器，它对吸引客户起了至关重要的作用。银行设立更多的网点是提高人们便利性感受、吸引更多客户最直接最有效的途径，但建设大量的网点需要不菲的成本，所以在注重客户便利性的同时也要将就经济合理性原则。

最后，自我性是点缀。在营销过程当中，如果增加一些自我特性的元素，会让营销流程变得活泼许多，也就是说不要拘泥于固有的刻板模式，让自我个性得以发挥，创造出新的营销方案，并在实施过程中采取独特的创新模式，就会让营销取得事半功倍的效果。

营销流程的合理性、客户便利性、自我性三者相互联系，相互依托。要形成以合理性为前提，以客户便利性为关键，自我性为开拓，创造出更富有吸引力的营销流程，企业才拥有了营销最佳模式。

五、差异化营销

差异化营销就是寻找市场的个性化需求。那么，如何进行市场细分就是一个值得思考的问题，笔者认为市场细分的原则是赢得客户的满意，成功的企业将客户的满意视为企业存在的最高价值。企业应该永远意识到自身的地位，那就是从卖方市场到买方市场的转变，无论你的产品多么畅销，企业的营销意识里的定位就是要把自己放在买方市场的位置上，使得那种以生产者为中心的传统营销体制、营销理念发生了根本性的变革。差异化营销所追求的"差异"不仅仅是产品的"不可替代性"，更应该是产品后续的文化附加值，比如企业在售后服务方面对消费者的人文关怀等。

（第81个三角形）

一切营销前提靠的是产品差异、手段差异、市场差异。所以，建立营销优势，这其中的差异化显得尤为重要。

所谓差异化营销，是指面对已经细分的市场，企业选择两个或者两个以上的子市场作为市场目标，分别对每个子市场提供针对性的产品和服务以及相应的销售措施。企业根据子市场的特点，分别制定产品策略、价格策略、渠道策略以及促销策略并予以实施。

产品差异化是指产品的特征、工作性能、一致性、耐用性、可靠性、易修理性、式样和设计等方面的差异。手段差异，包括服务差异化和形象差异化。服务差异化是指企业向目标市场提供与竞争者不同的优异的服务。如果两家企业产品、实力、品牌、技术、人员都没有什么差异，那么客户为什么要选择你？所以优秀的服务品质是提高竞争力的有力手段。形象差异化是指通过塑造与竞争对手不同的产品、企业和品牌形象来取得竞争优势。形象就是公众对产品和企业的看法和感受。

塑造形象的工具有：名称、颜色、标识、标语、环境、活动等。

差异化营销，核心思想是"细分市场"。市场差异化，企业可以选择几个利益最大的子市场作为目标市场，如果有足够的能力满足更多的子市场则可以选择更多的子市场；如果各子市场对企业都很有吸引力，并且企业也有能力为各子市场提供不同的产品和服务，企业可以把子市场作为目标市场。

随着产品的营销领域的竞争呈现出越来越激烈的趋势，市场逐步地便走向了一体化，尤其是在中国，产品的品牌口号一样，营销手段一样，甚至连一些消费促销也一样，对此，差异化营销已经是各个企业能够获得最大盈利的必须手段。

不过，在差异化营销的本质以外，企业还应该时刻牢记消费者是主导者，随时注重客户的反馈信息，以此来检验营销策略的效果，从而逐步地提升企业的服务理念，确定竞争优势。

企业要建立营销优势，必须依靠差异化的手段，这不仅仅是一个利润高效化的策略，在一定程度上来说，差异化营销也是一种独特的经营艺术。

六、营销的边界

一个好的营销创意或者工作指令因为贯彻过程中人为理解的错误造成执行不力，以至于没有很好地实现创意效果和工作业绩，这种情况并不鲜见，重视创意阶段而忽视执行贯彻阶段是许多企业的通病。但是造成指令贯彻偏差以及执行不力的原因,并不完全是因为信息或者指令传递出现问题,这里面有许多因素,其中传递工具以及指令与人员本身都有很大的关系,许多因素还是非常复杂的,比如这里面理解上的误差就直接涉及人员素质问题、工作效率问题以及责任态度问题。

这里的边界就是指指令到达的最基层,市场边界的三要素工具、指令和人员是保证信息得到及时无误传递的最基本条件。

(第82个三角形)

在交通以及信息传递渠道较为发达的今天,经济得以全球化,整个世界就是一个大市场。那么在全球化的市场经济中,指令的发出,能否在最短的时间之内准确无误地传递到达,往往可以决定一个公司的成败。市场世界里指令的发出,不一定来自于公司高层决策者,有的来自于一线销售人员根据市场情况作出的调整,还有的指令可能来自于消费者对已购买产品的体验反馈,因而许多信息都是双向传递的,这对指令的传递形成了时间上的交叉,因而失误的可能性和概率在大大增加,尤其是人员的意识与素质,更是指令传递的重要因素。

这里我们探讨的市场世界里指令的传递,不仅是公司决策层里传出的关于产品生产、营销策划、产品销售或者人员分配等的调整的指令性信息,而且还有公司内部一些重大的决策以及外部的信息反馈。这里涉及一个公司是否能对市场进行及时与准确无误的操控。指令能否在第一时间抵达一线人员处,跟用什么工具去传递指令有关。这里的工具,不单单是传递信息的工具,譬如纸质文件、电脑、电话等,而是指对于指令传送所确定的载体。

无疑,人员即是指令的载体,也是指令的执行者。譬如,公司会议作出决定之后，指令产生，先是由总经理作出指示把指令下发，然后指令被传送到各部门经理或者各分区经理，如果再有下一级机构的时候，指令还会一步步下发，直到去到指令该去到的地方，这个时候，指令是否被曲解或者误解，有没有走样，它和指令的执行是否到位具有同样的重要性。

战争的边界就是你的命令可以到达并可以被执行的边线。同样的，市场的边界就是公司的指令可以抵达并可以被执行的第一线（包括生产线或者销售店面），在战争中，尚有专职传令兵负责传递指令，这是一种军事管理体制，因为大家都知道命令的传达关乎整个战局的胜败，古今中外的战争，有太多因命令的传达失误或者不到位而酿成惨剧。

商场如战场，商战同样需要一个科学实用的指令传递体系，这个体系虽小，但如同麻雀一样，五脏俱全。因此，商场理当引起企业管理者和决策层的高度重视，作出合理的营销部署。

本章小结

在本章中，我试图通过两个"本质"（市场的本质、市场营销的本质）的探讨来"发现"市场营销的真相所在。

营销学是一门研究沟通的学问，它在探讨商品如何才能让消费者一见钟情。消费者钟情一物，必定是因为信赖和喜欢，因而其核心价值是沟通，是企业把文化价值传递出去的活动，所以营销结构研究的重心是沟通的有效性。在强调商品个性与差异化的同时，传递企业的核心价值观和企业文化内涵尤为重要。当前经济的全球化、社会经济的变革、信息技术的创新以及商品的品牌化趋势给营销学的发展带来了新机遇与新挑战，我认为营销学必须在了解其本源的基础上进一步开拓新思路，而能够在纷繁的营销因素之中厘清头绪、抓住重点、把握实质，及时调整营销结构、营销策略，掌握营销的逻辑规律，依然不失为营销工作的最佳选择。

第七章　消费需求的三角形态

在不同的时代，消费总是以不同的面貌出现。在曾经的旧时代，物质匮乏是整个社会的基本底色，为此，争取到足够的食物，填饱肚子，让生命延续，就是那个时代消费最基本的特征；而在今天，物质日益丰富的时代，消费方式愈发趋向多元，不仅消费数额更加庞大，消费的质量也迅速提升，精神层面的欣赏、炫耀乃至浪费占据的份额越来越大。于是，我们似乎看见，消费已经抛弃了其物质满足的基本功能，浩浩荡荡地奔向符号

消费的狂欢盛宴。

但是，透过纷繁的表象，我们用理性的光照，看见了狂欢背后的静默支撑的三角形阵列。认识它们，我们便把握了这场狂欢盛宴的演进脉络。

不论贫富，不论古今，"使用"都是促进消费的最基本因素。个人的衣食住行，需要通过消费来获取自己要使用的东西；厂企的材料设备、日常用品、机械器具，要维持正常运转所需的一切都要消费。"使用"，归根到底是"实用"，企业在生产时，应以质量为重，才能保障了最基本的使用需求。不过，当基本生存保障得到了满足，精神层面便迫切渴望充实与娱乐，这是人类自然而然衍生的进一步消费需求。企业的 Logo、名称、办公楼的外观设计，乃至产品的广告，都是为了满足人们的欣赏欲。只有更好地吸引眼球，产品才能打开更为广泛的市场，为更多的人所知晓。而在人心日益浮躁的社会中，浪费的景象也越来越常见。在全球范围看，经过 30 多年的高速发展，中国已成为全球奢侈品消费增长最快的国家。浪费，是一种不值得提倡的消费行为，然而，奢侈品消费，却有它存在的合理性，说到底，奢侈品消费满足了消费社会日益多元化的消费诉求。而其对消费的刺激也是显而易见的。奢侈品消费，是消费社会的一面双刃剑，把握得好，则是市场发展的助推器；把握得不好，则可能成为社会溃散的"原子弹"。

第一节　消费者与消费动机

一、消费者认知

消费者认知指数是指示营销策略选择的一种有效工具，能较为方便地帮助企业选择合适的营销策略。基于消费者认知指数的概念及其消费者认知指数确定方法有很多种，但是，最常见和最实用的一种方法就是唤醒消费者的主观认知。

消费者的主观认知指数在营销策略选择的指示作用是其他营销手段所难以达到的，这就像一个卖橘子的人为什么总是拿出一个橘子来，让消费者先尝后买。这是因为消费者主观认知指数受以下两个方面因素的影响：一是商品本身的因素。商品本身性能的可知性、信息的可达性、效用的可感性均影响消费者主观认知指数。二是消费者个人学识、年龄、经验、习惯等也影响他对产品的认知，而消费者对商品的主观认识是一个决定因素。我们不妨通过卖橘子的例子来进行消费者认知习惯和行为的分析。

（第83个三角形）

首先是要让消费者对橘子感观及心理的认知变成一个口感和亲历的认知，这就要让消费者吃到一个甜的橘子。所以，我们看到很多卖橘子的摊位中，都有先尝后买的营销方式，让顾客尝尝味道，这在销售行为当中，就是体验式的销售。

当消费者吃到一个甜的橘子的时候，就会产生对橘子最基本的感性认知，他会觉得你所讲"甜的橘子"的宣传都是真实的，你销售的这个橘子是可靠的。为了再吃到一个美味可口的橘子，消费者就更加欲罢不能而购买了。

这就是人们常说的以点带面。在消费者的认知习惯里，他们会非常认可并接受这种以点带面、以小博大的销售行为的。

以上所举的卖橘子的例子，其实就是一个让消费者建立信任的过程。销售产品，先让消费者了解这个产品，然后让消费者切身感受这个产品，甚至免费赠送或者使用产品，从而让消费者完全认可你所有的产品。这也是消费者的认知过程。

我们在销售过程中，往往忽略了让消费者认知的第一步，忽略了让消费者吃到第一个甜的橘子的重要性。

二、体验产品

越来越多的企业在尝试着一种新兴的营销模式——体验式营销。体验式营销发生在销售当中。这是一种让客户先尝后买式的营销活动，让客户体验产品的各种价值功能。值得一提的是它也是一种空间营销模式，但是它却不是隐形的"潜移默化"，而是用现实的产品去直接影响客户的购买心理和购买决策。身临其境去体验产品的功能性，在不同产品的对比下，才能突出产品的优点，从而进行一系列产品的销售的行为。体验式营销，在全面客户体验时代，不仅需要对用户深入和全方位的了解，而且还应把对使用者的全方位体验和尊重凝结在产品层面，让用户感受到被尊重、被理解和被体贴。

相同功能产品所特有的鱼目混珠现象越来越突出，贴牌、分厂、山寨、克隆以及明目张胆的造假已经层出不穷。这无疑给产品品牌树立增加了难度。因而体验式营销应运而生。直销店、旗舰店以及客户体验店等都具有体验营销的内涵。

体验式营销是企业对自己产品自信的体现，也是企业贴近客户、主动拉近客户的一种销售形式。它的优势在于用现实的产品说话，用事实说话，从而省略了媒介营销所欲极力消除的信任隔阂这一环节。

不是所有的体验式营销都会取得预期效果的,尤其是各种各样的产品体验中心如雨后春笋般出现时,体验式营销很快就进入了一个疲劳状态,尤其是一些体验式营销手段依然难以克服说教式或者灌输式的推广模式,消费者会产生一种被绑架消费的警觉,在信息技术极其发达的当下,消费者会立即求助于网络或者利用其他的通信手段,立即验证所体验到的或者感受到的真实性。比如一位消费者在一家空调体验中心接受体验服务时,会及时通过网络查看别的体验者对其他品牌空调的体验感受与评价,他会结合自己的体验感受来作出自己的购买决定。比如空调能耗与噪音等技术指标,都不是一两次体验所能验证的,消费者更多的是根据别人的长期使用的感受来判断产品的优劣。很多购车者都不是通过汽车试驾来决定购买的,大部分购车者都不懂得内在品质,他们体验的多是外在的指标,比如油耗和驾驶室的装饰等。由此我们看出这是一种感性体验的过程,这种体验方式能够使体验直观地获得时尚的层次感和科技的含量。

(第 84 个三角形)

如今的企业都在倡导以人为本,站在用户的角度来思考问题,从产品的设计、研发、生产、销售及售后,全部过程无不倾注在以人为本的理念之上,而人在使用过产品后的直接感受即是体验的收获,这就是营销管理中的体验式营销。比如:苹果手机是时下最受年轻人追捧的手机,它在全世界的体验专卖店不计其数。乔布斯当初在设计手机产品时,也是从人的感受上出发开始产品的设计之路的,并且加入了众多的科技元素,比如 IOS 操作系统,很大程度地促进了人、机的交流,仅凭这一项就已让其他众多的手机操作系统难以望其项背,这种唯有使用其系统才能感受其产品中科技的便捷与时尚的美感,吸引了众多消费者青睐和追捧。从营销管理理念上说，就几乎将受众群体牢牢地圈在了自己的品牌名下，用科技体验带动了销售量。

前沿新潮的设计更受到年轻朋友们的认可。年轻人追求时尚、渴望尝试不同的新鲜事物，了解其消费群体的特质就更容易让产品销售出去。而苹果手机的设计感十足，更薄的机身、更大的屏幕、更美的外壳，无不彰显其品牌的独特，可以说，时尚体验造就了苹果手机的成功。

感性体验也被称为感观体验，苹果手机提供视频实时对讲功能，摆脱人们受到空间的约束，能够拉近彼此距离；而高清前置摄像头更让许多人爱上了自拍，并且具有防抖的功能，还能拍出惊心动魄的大片出来；全景模式的拍摄效果更是堪称完美，不再为外出旅游没带专业相机而发愁；还有优质的音效，不但加强了通话效果，而且戴上耳麦听音乐，立刻就如身临其境，而在耳塞上苹果手机更是通过百人体验结果而专门研制，凸显了其以人为本之观念。这些都说明一点，产品的感性体验是最具说服力的、真正带来营销效果和利益的手段。

从苹果手机成功的用户体验例子可以看出，以人为本，以用户的真正体验为主，才是营销的本质。将产品做到最完美，就是最好的宣传手法，让用户获得美妙的感受、意外的惊喜就是产品的最大卖点。

三、消费的三种表现形式

现代生活中尤其是物质极大丰富的社会中，许多消费的表现形式不是因为需求，而是另有原因的。我们判断消费者的购买心理时，如果一味地以需求来判断影响其购买决策，必定会出现偏差，以至于营销失败。我认为需求是刚性的，而诸如新奇感、喜好感、冲动感、话题感等，都是出于消费者自身的文化身份所决定的。

消费在传统经济学中往往被看作是一种个体的经济行为：消费者在成本最小、效用最大的理性判断下，根据价格和个人偏好购买商品、进行消费，获得使用价值并得到个人满足，这是需求感驱动下的消费表现形式。但是现实的消费行为并不是都能用数据、曲线来解释的，正如消费"哈根达斯"雪糕不是消费雪糕而是消费它的广告（"爱她就请她吃哈根达斯"）中体现的文化意义那样，因此引入社会的、文化的因素，并将消费行为置于社会、文化系统中进行分析很有必要。从社会学的角度来看，消费并不仅仅是个体行为，还是一种共有行为，是一种同时为许多人所共同表现出来的文化。因而消费不仅仅是可观察行为，它还包括不可观察，却可以理解的价值、信仰和想象（即文化要素）。

从社会学角度把消费当作文化来看待，消费就显示出其内在的连贯性和一致性，在这个意义上，消费是文化系统，而不仅仅是行为①。比如一个人的知识结构一定会与其购买行为有关，并且关联密切，一个知识分子与农民的消费观念一定是有差别的，他们之间因文化上的差异，所消费一定会是天壤之别，同样是10元钱，农民惦念的是买什么种子，而知识分子想的是买什么样的书籍或者看一场电影。因而消费表现不仅仅是需求的体现，而是多种因素造成的消费者的一种满足情绪的行为，消费表现既可以是有意识的，也可以是潜意识的或习惯性的。

在特定的社会文化情境下，消费不同的商品和服务将具有其特定的超越商品使用价值的意义，而消费者也将获得超越物质、生理满足之外的心理、精神及社会性满足。即"不是以需求为媒介，而是以新奇性、话题性、意义性等物品的传播性为媒介而从事消费"。② 这句话应该是消费的最真实的心理表现。

因脑袋而消费（书、知识）

消费表现

因身体而消费（衣、食、住、行）　　因身份而消费（高档商品）

（第85个三角形）

销售人员只是单纯在谈商品卖点，也就是商品价值，忽略了商品的使用价值，结果是客户不买单。归根到底，这是因为销售过程没有深入了解

---

① 王宁：《消费社会学——一个分析的视角》，社会科学文献出版社2000年版。
② 冈本庆一：《剧场社会的消费》，载《符号社会的消费》，远流出版社1998年版。

客户的内心需求。想要成功推销商品，前提是尊重客户，尊重客户就是尊重其消费需求。站在销售的角度上来说，首先应该了解的是消费的三种表现形式。

第一，客户因身体而消费。马斯洛需求理论中最基本的需求就是生理需求，通俗来说，即日常生活的衣食住行。身体消费是指人们为自身身体和形象而进行的消费。有专家称，身体资本是构成个人品质的关键，在某种条件下，身体消费可以转化成经济资本，是一种利己的无形投资。在销售过程中，如果能够围绕客户这根神经来进行卖点表述，让商品使用价值和消费者紧密地结合起来，会在无形之中增加成交率。

第二，客户因身份而消费。市场证明，越来越多的客户注重面子观念，更倾向于身份消费，如世界名牌服饰、皮包、化妆品等。通过消费方式来定位自己所在的阶层或群体，是近年来消费走向，也是销售人员应该着重关注的重点。比如销售人员在销售过程中，应该强调商品足以与客户匹配，商品能表达出客户的品位。人人都希望自己能得到社会的认可，只有深度捕捉客户需求，才能抓住客户需求，进而刺激客户的购买欲。

第三，客户因脑袋而消费。书籍、知识同样占据着市场的一隅，此类消费群体以知识分子居多，也就是说，他们的消费需求层次更高，辨别能力更强。销售人员只有通过优质的产品和良好的表达，对客户做出恰当的承诺和说服，让客户清晰地看到商品的价值点，才能够打动客户。

消费者是否愿意购买取决于消费者获得的满意度。对于企业营销来讲，更多的是要培养销售人员尊重客户的意识，尊重客户就是尊重其消费需求。

四、消费的动因

随着社会发展，消费者的消费动因逐步向符号性消费、从众和模仿性消费、社交性消费、情感性消费、投资性消费等方面转化。

这些消费动因既代表了普通消费者的普遍消费心理，也体现了特殊消费群体引领下的消费动因变化的趋势。尤其是随着当前奢侈品消费人数的不断攀升及奢侈品消费金额的不断提高，消费的动因趋于复杂化和多元化。

比如在奢侈品消费领域，已经出现了奢侈品消费整体上未富先奢的局面。因而分析消费人群结构以及其消费动因已经成为一些学者和商家共同的关注目标。仅就奢侈品消费的综合有关资料显示，奢侈品的消费人群大致可分为两类：一类是传统奢侈品的消费，消费人群主要集中在超富裕阶层；另一类是新奢侈品的消费，消费人群是中产阶级和白领。从影响消费者奢侈品消费的主要动机来看，消费的动因还是比较复杂的。比如社会风气所形成的人际关系，就需要一定的奢侈品来维系，因而人际性消费成为影响奢侈品消费的主要因素，其中符号性消费是影响我国当前奢侈品消费的主要因素，符号消费是后消费时代的核心，它是指在消费过程中，消费者除消费产品本身以外，而且消费这些产品所象征和代表的意义、心情、美感、档次、情调和气氛，即对这些符号所代表的"意义"或"内涵"的消费。符号性消费、从众性消费与人情消费都属于非理性的消费行为，促使消费动因呈现出一种非理性状态。

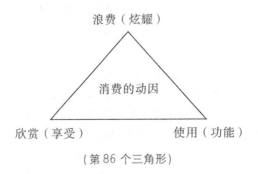

（第86个三角形）

企业在营销管理中需要掌握消费者的消费动因，加大宣传营销力度与创新，打出属于自己的王牌。对于从众性消费而言，从众、盲目是消费者消费的主要原因。从社会心理学角度来说，从众是指"在强大的群体压力面前，很多人都采取了与群体内大多数成员相一致的意见。这种个人受群体压力的影响，在知觉判断、信仰上表现出与群体大多数成员相一致的现象"。① 也就是说，从众都是受到群体压力的影响而转变原有态度与行为的，在奢侈品的购买行为中有些消费者本不是出于需要或者喜爱而购买

---

① 周晓虹：《现代社会心理学》，上海人民出版社1997年版。

的，而是在购买群体压力的影响下来实施购买行为的。盲目从众奢侈品消费的消费者大有人在，从欣赏（享受）、使用（功能）到浪费（炫耀），消费的动因正经历着一次革命性的变化。

消费，在曾经的旧时代，只是为了填饱肚子，得以生存；而在今天，消费方式更加多样，消费数额更加庞大，消费增长更加迅速，消费不仅仅只限于衣食住行等使用层面，精神层面的欣赏、炫耀乃至浪费占据的份额越来越大，这些都构成了消费的动因。

使用，是最主要的消费动因。不论贫富，不论古今，"使用"都是促进消费的最直接因素。个人的衣食住行，需要通过消费来获取自己要使用的东西；厂企的材料设备、日常用品、机械器具、要维持正常运转所需的一切都要消费。使用，归根到底是实用，企业在生产时，应以质量为重，才能保障了最基本的使用需求。

欣赏，是消费的需求。当基本生存保障得到了满足，精神层面便迫切渴望充实与娱乐，这是人类自然而然衍生的进一步消费需求。企业的LOGO、名称，办公楼的外观设计，乃至产品的广告，都是为了满足人们的欣赏欲。只有更好地吸引眼球，产品才能打开更为广泛的市场，为更多的人所知晓。

浪费，是由浮躁衍生的消费风气。炫富，在浮躁的社会中，浪费的景象也越来越常见。浪费，相当一部分原因在于炫耀。这种行为虽然不值得提倡，然而它对消费的刺激是显而易见的。例如根据公布的《世界奢侈品协会2010—2011年度官方报告》称，截至2010年底，中国内地奢侈品市场消费总额已经从2009年的94亿美元攀升到2010年的107亿美元。中国已成为全球奢侈品消费最快的增长国。而在此调查数据中，炫耀性消费特征明显。[1]

五、炫耀性消费

炫耀是需要资本的，炫耀是资本在膨胀的自我面前放肆的表演。因此，所谓炫耀性消费，指的是富裕的上层阶级通过对物品的超出实用和生

---

[1] 黄鹤、穆静：《世界奢侈品协会2010—2011年度官方报告》，2011年6月2日。

存所必需的浪费性、奢侈性和铺张浪费，向他人炫耀和展示自己的金钱财力和社会地位，以及这种地位所带来的荣耀、声望和名誉。自从凡勃伦提出炫耀性消费理论之后，经济学界就没有停止过对这一问题的研究。炫耀性消费理论阐释了消费决策并不仅仅是在孤立状态下追求效用最大化的结果。在效用受到外在环境的影响下，消费者的购买决策更多地来自于与他人的对比。一件"稀缺"的物品价格越高，越能体现购买者的富有和地位，就越能满足消费者炫耀的心理，因而越是奢侈就越受到追捧，人们把这种在奢侈品消费中出现的现象命名为"凡勃伦效应"。

那么，在人际对比中的炫耀因素是否是解释炫耀性消费的唯一原因呢？炫耀性消费是不是还会有其他的动因呢？根据许多学者的研究以及本人的观察，如果在一个社会结构等级明晰的环境下，或者消费者已知彼此的历史信息和个人素质，那么炫耀性消费就失去了其作为个人信息发射机制的功能，消费者也就丧失了炫耀性消费的动力，因而炫耀性消费与金钱的拥有量、社会地位以及知识层次有关。当然，即使是在一个结构明晰的环境，奢侈性的消费也仍然存在，因为炫耀性消费还存在一些其他的功能，比如维持人际关系、借以获取利益的功能。这种消费动因与社会风气和人文素养关系极大，人们通过这样的消费来形成一种消费风气。当炫耀心理能够得到足够的羡慕和追随时，炫耀性消费就变成了一种消费时尚。由于能够实施这种消费人数毕竟有限，它只有在有足够金钱支撑的群体中才有可能。因此，它就可能给奢侈消费者带来的独特效用，通过奢侈消费构建了一个层次的人脉资源，由它激活了炫耀的一种社会效用——社交效用。

一般而言，金钱拥有量、社会地位以及知识层次是形成炫耀性消费的动因，也是炫耀性消费的基础条件。

第一，炫耀性消费与金钱拥有量的关系。一个人花了一百多万元买了一辆高级轿车，然而没想到的是只经过了半个月新款车又推出了市场，刚买的高级轿车价格一下子跌了十多万元，这个人对此心如刀绞。不过，我们通过分析可以得知，他所惋惜的不仅是那十多万元，更多的是自己汽车的档次降下来了。生活中这种消费现象屡屡发生，有些人为了显示自己的财富，展示自己的地位，故意购买一些象征权利和地位的炫耀品，从而满足心理需求和人际交往需求。

（第 87 个三角形）

炫耀品的购买与金钱拥有量有着直接关系。经济学家发现，当金钱储存到一定程度的时候，就会有了购买炫耀品的心理。反之，拥有购买炫耀品的前提就是资金丰厚的积累，在人际交往中所交往的人有相当一大部分的对这种炫耀品争相追捧，才会引发出这种攀比心理。因此，在销售管理中，针对不同层次的客户，进行炫耀品的推荐，尽量地宣传产品的档次和品位，这样很容易抓住顾客的心理，圆满地完成销售任务。

第二，炫耀品消费对于提升人际圈中的地位有着积极的作用。首先，炫耀性消费对于经济有着强烈的拉动作用。其次，炫耀品包括汽车、名表、名包等，都可以让你在所在的交往圈子中提升形象和地位，尤其是在商业往来过程中，在双方进行洽谈的时候，对穿着配饰等多方面的直观感受有一个整体概念，从而来确定个人或者整个公司的实力和形象。因此，炫耀品的消费缺失是对地位和名誉彰显的一个阴雨表，可以对商务洽谈起到积极的推动作用。

第三，炫耀品消费可以提升知识层面。俗话说，见多识广，对于很多长年在商场上和各种复杂的交际市场上进行打拼的人来说，文化层次相对较高，而且知识层面较为广阔，对于事物本质的把握也比较准确，因此在面对这个群体的消费的时候，一定要配合专业知识的讲解，并且着重从产品的品位和知识含量上入手，则对销售产生积极的影响。

在炫耀品的消费理念中，知识和地位是内涵的展示，拥有金钱是前提条件。同理，这种消费理念也可以发展稳定的购买客户群，打造具有影响力的炫耀品，以满足市场需求。

六、消费者的品位

细细品味"品位",虽是汉语中最为常见的一个词语,但还真是有其高深的一面。无可否认,品位与知识、气质、能力、修养、视野、地位、事业、时尚等都有着密切的关联。品位在一定程度上等同于档次、格调、品质、道德、趣味、修养、品位等,是衡量一个人道德素质和内涵内敛的表述词汇。问题在于,品位是先天的注定还是后天的修行而成?决定品位的成因是什么?

品位的成因是很复杂的,金钱不是品位的决定性因素,也就是说有钱人不一定是有品位的人。知识也不是品位的决定性因素,也就是说有知识的人也不一定就是有品位的人。出身也不是品位的决定因素,也就是说下里巴人与阳春白雪、贵族血统与低贱奴隶出身的人中都存在品位高贵与品位低下的人。

(第88个三角形)

法国社会学家布迪厄的"文化区隔理论"对"品位"思想的关注和研究是一个亮点,它探讨了在一定经济基础上追求相似生活品位的文化属性,这在社会阶层划分标准争论不休、消费符号与社会空间关联的探讨日趋热烈的学术界,无疑成为一种崭新的思维视角。布迪厄强调的一定经济基础上相似生活品位的文化属性,实际上是一种阶级属性,也就是说布迪厄所认为的,从文化商品的消费中可以看出不同地位群体成员所具有的阶级属性。相同地位群体成员通过追求相同或者相似的文化消费品位,以寻求阶级内部的认同,同时区别于其他地位群体与阶级。布迪厄把调节阶级和个人的理解、选择和行为的过程称为惯习。"惯习营造了品位、言语、穿着、仪表和其他反应的综合品质"①"惯习"的肢体语言以及内敛内涵透射出的就是一种气质。气质是一个人的直观表现，是消费者自身的条件，是硬件。在一定阶级层面，如果硬件过得硬，有硬件作为保证，再有一定的经济基础保障消费能力，在二者完备的基础上，一定阶级层面的消费者如果具有一定的文化知识以及审美素养，就形成了选择能力，有了气质、消费能力和选择能力，那么消费者的品位就形成了。

影响消费者品位的因素包括了消费者的气质、选择能力和消费能力三个方面：

第一，品位靠气质表达。俗话说"腹有诗书气自华"。例如女性之美对于一件衣服的演绎，不仅仅是依靠衣服本身的颜色和款式，更多的是女人本身对衣服的衬托。试想如果一个女人皮肤白皙，气质高雅，那么再普通的衣服穿上去也有一份自然天成之美；反之，如果女人本身素质较低，要高雅的衣服也无法被其诠释出来。因此，在对于品位的销售中要把握一个气质原则，针对不同气质的人选择不同品位的产品，或者通过你的产品提升消费者的气质，这样自然水到渠成。

第二，选择能力是提升品位的关键。人的审美能力存在着一定的不稳定因素，有的是天生的审美情趣比较高，而有的则是在后天形成的，还有的在不断选择中锻炼出了自己的选择能力，提升了审美能力。

品位不仅仅是消费商品的表达，更是一种内在心理的表达方式，成熟、健康、对生活充满情趣的消费者对产品的需求更多地注重于品位的选择，产品在质量上可能存在差异，但是很多人宁可购买贵一些的，也不要购买没有品位的产品，从这点上作为销售管理中，一定要打造能够提高审美品位的产品，再加上其本人的选择导向，促进消费完成。

第三，消费能力是前提条件。消费能力是一切消费达成的前提条件，在消费过程中，消费人群主要分为两类，一类是高消费人群，另一类是中低消费人群。

在面对高消费人群的时候，力争打造商品的奢华性和专属味道，这样在客户心中很容易形成品位购买的概念，因此利于交易的完成。而对于中

---

① [美] 乔纳森·特纳：《社会学理论的结构》，华夏出版社2006年版，第472页。

低消费人群，他们的消费能力较差，年轻人喜欢尝试新事物，但由于能力有限，在消费上会选择品位较低的产品，那么对于这样一类人群，尽量地让自己的产品给消费者一个轻松愉悦的心情，让产品的销售在卖家与买家之间形成一个愉悦的销售话题，彼此建立信任，即便消费能力低，但是依然可以促进交易的成功。

总之，产品的销售中抓住消费者的气质，根据消费者的选择能力和消费能力进行三方面的把握，形成一个三角形的环绕模式，顺次连接，共同构建，最后确定稳定的销售理念，当然没有任何一种销售模式是万能的，但是一定要尽量为顾客量身打造卓越的购买品位，同时也为自己奠定了卓越的销售业绩。

七、房子与品位消费

《黄帝宅经》里有一句话表述了住宅与人的哲学思想："宅者，人之本。人因宅而立，宅因人而存。人宅相扶，感通天地。"

这句话应该是古今中外所有房子所要陈述的主题，它将原本毫无生机的一幢钢筋混凝土所成的现代建筑物提升到了哲学的高度。房子除了它最单纯的居住功能之外，还富有情感、个性和性格，无论是伫立在油菜花地里的小木屋还是在喧嚣的城市里的两室一厅，它都有一个别名："家。"房子因为"家"而具有了生命的质感，房子体现了居住者的品位和地位。

中国人成家立业的标志是有了属于自己的房子。人因宅而立，说明了房子在人命相里的作用。房子不但是肉体的寓所，而且是灵魂的归宿，故中国古人呼唤："魂归正宅。""正宅"对于每个人来讲都是不一样的，这是因为每个人的人性对房子本性的感悟和要求是不同的。一句"心宽不怕房屋窄"恰到好处地阐释了心情与房子的关系，但是宽敞明亮必定会让人心情愉悦，这也是不争的事实。房子的空间本性是不能让人的生理和心里感到陌生、不适和荒芜，甚至有玄学意义上的伤害的瑕疵。因而从一个人对房子的认识上，我们基本上就能够了解其人文品位，评判出其整体的社会地位。反之，房子本身一定是主人整体身份信息的真实独白。正如1990年国际建筑协会发表的主题为人类·建筑·环境的《蒙特利尔宣言》，它开头的一句话是这样写的：建筑是人文的表现，它反映了一个社会的形象。

对于人类居所的房子来说，房子是主人的人文表现，它反映了主人的整体精神面貌。给房子以生命的是房主人品位，品位是种境界；品位是一种情调和层次；品位是一种风格和特点。品位让房子的居住功能得以升华，升华到了具有陈述语言功能的地步，它悄悄透露了主人精神家园的所有秘密。

（第 89 个三角形）

居住，是房子的固有功能。如果仅仅是为了居住，没有其他的情感需求，可能每个人都能拥有自己的房子。

住宅不是房子漂亮或是喜欢就可以的，而是要跟你所处地位、角色匹配，所处阶段的需求吻合才是适合。同样一套房子，对某人是适合的享受，而对于另一个人可能就是负担或者折磨。因这个房子所产生的办公成本或者生活成本、社会交往成本是否可以承担或者接受，决定了其是否适合自己。价值和价格有时是不相等的，价值大于价格就叫超值，价格大于价值就是不值。别以"喜欢"或者"占便宜"而进行选购，要考虑自身承受的能力，否则后患无穷。

品位，是房子在满足居住和面子的需求后，进一步满足心灵需求的进阶追求。房子的外观景致，内部装修，家具、饰物的选取，以及所处地段的环境要求都能体现其主人的品位与素养。选择了一栋房子，便要为它配以相应的设施和环境，这不仅是尊重，更是自身心境的体现。爱屋及乌，先是做到"爱屋"吧。

居住、地位、品位，是人们对房子需求的三个层次。

第二节 消费需求的三角形态

一、消费需求的价值取向

消费者希望从产品或服务中能够获得满足某种欲望的期望,愈来愈被感性与理性的良性平衡所拦截。消费者需求的价值取向已经悄然变化:欲望的迫切性、感知的延伸性、强度的变化性已经体现在满足好奇心理状态下的感性需求和理性需求消费了。

(第90个三角形)

营销,比起单纯的交易而言,其特殊之处,就在于它拥有内涵丰富的消费者需求价值,即满足消费者的好奇心、理性需求、感性需求三个方面。决定营销成功的关键是消费者,因此站在消费者角度的切实考虑,更能让营销价值最大化。

好奇心,是消费者消费的起因。一种商品,一个项目,当它的外观、内在引起注目,勾起消费者的好奇心时,才可能被询问和思考,消费行为才有达成的可能。营销活动中,相当重要的一个课题是如何通过多种不同的方式,如别具风格的设计感,吸引人气的爆炸性话题,甚至适量的擦边球,都有如调味料中刺激的辛辣,好让消费者胃口大开,有足够的热情和好奇心来接受企业精心策划的营销,从而实现营销的好奇心价值。

理性需求,是消费者消费的根本动力。谈到理性需求,首先为人们所熟知的便是实用性。人们大多数时候的消费都是因为需要，当一件东西真正被需要时，它的购买价值才能被最为深刻的挖掘。对于营销而言，消费者的理性需求需要适当的引导，让消费者充分地了解所要购买商品的实用价值和过硬质量，当理性需求达到某一饱和值时，交易成交便成为了顺理成章的事情，消费者的理性需求也就通过营销而实现了。

感性需求，是消费者消费的情感需求。例如：在石头刻上"平安"二字就是卖平安。在这个注重精神需求的时代，艺术品成为了千家万户常常接触的感官享受，达官贵人们更是为了大师名作而一掷千金。营销之于消费者的感性需求、独具匠心的外观设计、颇受青睐的特殊功能、引人深思的品牌故事，都是行之有效的营销策略。消费者感性需求的营销价值，需要营销主体费者之间的充分的互动，充分发挥主观能动性，从而促进营销的完满达成。

对于企业而言，营销无疑是十分重要的行为，若能掌控好消费者的好奇心、理性需求以及感性需求，营销便能实现其特有的价值功能，进而扩大营销价值的范围，形成共赢。

二、消费者的需求心智

消费者的需求心智是一种资源，它是一种具有价值属性与稀缺性的认知性资源。我们都知道人类的消费文化发展史大致可以划分为"身时代"与"心时代"。"身时代"应该是满足生存需要的物质时代，而"心时代"则是消费者为了满足心理和精神上的需要的消费行为。

"心时代"就是企业与消费者之间形成了一种稳固并且相互认知的心灵契约，这个心灵契约的形成标志着消费者选择对象由实体产品向附着在产品上的精神文化转变，也即向品牌消费转变。而影响其转变的主要因素就是消费者心智。消费者心智是消费者主观感受经过心理体验而得出的对品牌的总体评价，而后深植于消费者心中形成一种习惯性认知模式。

从心理学的角度来看，消费者心智是指消费者内心深处对待某类产品的情感、意志以及价值认同度。在品牌多样化、品类同质化的当下，消费者对待产品更加趋于理性，因此，如何把握消费者心智特征和规律，并转化成购买动机，是营销的关键。

(第 91 个三角形)

提到消费者心智营销,许多企业不免开始抱怨很难。其实不然,想要争夺消费者的心智资源,首先就要分析消费者心智资源的特性。

消费者心智包含有心智、期望心智、消费习惯。

首先是要有心智。其重点就在于,要让消费者知道自己在卖什么,能够提供什么样的服务。企业在进行产品营销的时候,首先要有技巧地通过宣传策略来扩大自身知名度和影响力。

其次是期望心智。在理性的情况下,消费者去购买某种商品,希望商家能够提供满足自己需求的产品和服务,这是转化营销力的关键一步。调查表明,半数以上的消费者是因为担心提供不了自己需要的产品而离开。不难发现,企业做营销,只有产品让消费者满意了,比如档次、质量、刚性需求等,消费者才会主动掏腰包买单。

最后是消费习惯。营销的另一个关键,在于如何保持和消费者之间的互动,保持消费者和产品的黏度,并养成一种习惯。事实上,消费者心智资源具有有限性,即真正能够记住的品牌只有少数几类,意思是先入为主。此外,部分消费者有从众的消费习惯,因此,如何制造从众效应,也是研究消费者心智营销的关键。

消费者心智营销区别于传统营销模式,例如品牌的成功建立,是建立在消费者认知和认可的基础上也是一种心智营销。美国经济学家讲道:"就短期而言,公司产品的质量和性能决定了公司的竞争力,但长期而言,起决定作用的是造就和增强公司的核心竞争力。"由此可见,消费者心智营销,非一朝一夕之功,它需要经营者先要清楚消费者的因有心智、期望心智及消费习惯,并满足消费者的心理需求,而这样,营销才能够有切切实实的效果。

三、影响消费者购买的因素

探讨影响消费者的购买因素一直是营销策划人员努力的重点,通过对消费者购买决策过程的分析,准确判断消费者以什么动机来决定买不买,买什么,什么时候买,在什么地方买,怎样的购买方式以及向谁买。诸如此类的消费者行为因素,是制定产品营销策略的重要步骤。

一切的营销手段都是应对消费者的心理变化,毋庸置疑,市场经济条件下人们的消费观念和消费结构都在不断地发生着改变,这种改变的动力来源于产品的极大丰富以及信息的快速发展。为了更好地体现企业产品或服务的社会价值,企业需要加大对影响消费者购买决策因素的了解和分析的力度以及提升准确性。以便有针对性地制定出企业产品或服务等方面的营销策略,从而提高企业产品或服务的市场占有率以及客户满意度,扩大企业文化的影响面,进而全面提升企业的综合竞争力。

(第92个三角形)

要想在营销上取得一个阶段性的提高,就必须清晰地了解购买因素的本质,从其本质入手,提高成交率。消费者购买商品时会受到哪些因素的影响?就是消费者购买力的本质归纳有:产品优质程度、品牌信任度、产品知名度。

首先,消费者关注的是优质产品,这也是最根本的需求。任何消费者在消费过程中都希望自己得到最优质的产品,我们提供货币等价交换而来的物品本质是我们最根本的诉求。所以购买者购买力的本质因素包括优质的产品、优质的服务。要求经营者在打响品牌信任度知名度之前一定要保障自己的产品物有所值,才能在根本上博得顾客欢心。

其次,品牌信任也是保持品牌与客户关系的关键,也是客户购买力的本质因素。对于大多数客户而言,推销不是一种很能令人信任的行为,现在的客户更倾向于向自己信任的品牌购买产品。特别是在刚开始建立关系的时候,信任感是最难建立的,一开始消费者会很自然地对品牌进行仔细的、全方位的衡量,对品牌所做的行为进行价值评判。一旦品牌和消费者建立了某种高度的信任感,那么通常双方会形成一种感情投资行为,并可长足发展。由于品牌和消费者的关系建立很少会单单基于产品的功能性或是特征性因素而建立,所以我们要充分了解客户真正关心的是什么,并让自己成为某种目标客户需求的标志,只有这样才能提高品牌信任度从而增加客户量。

最后,知名度也是消费者购买力的本质因素。知名度的打响无非是通过广告和推广,而在广告和推广中,其实也是有学问的。我们来看这样一个例子:仁和可立克感冒药通过广告推广为大家所熟知,但它的销量与其他几个同等价位的感冒药相比却大大不如,为什么呢?简单来说,知名度中的"度"是一个程度的概念,而决定这个程度的高低就是看商家在广告推广时有没有让顾客记忆的焦点(诉求点),康必得感冒药的焦点是中西药结合;新康泰克的焦点是12个小时持续有效;泰诺的焦点是30分钟见效;白加黑的焦点是黑白分明,但回头想想仁和可立克,却没有一个明确的战略焦点,故它的销量一直处在低谷期。所以,从营销学的角度来看,我们除了要清晰地了解顾客所需,还要有针对性地进行市场切割和市场定位,打响的品牌知名度,才能将一个焦点升华并长存于顾客心中,这样才是真正提高品牌的知名度。

四、消费者的显性需求和隐性需求

消费市场的成熟归根到底是消费者消费观念的成熟,市场经济的价值在于消费者的消费倾向成为市场发展的主导力量,这样会引起企业对消费者消费价值观走向的高度关注。尊重消费者的消费价值取向,引导消费,已经成为企业生产经营的宗旨。

仅仅运用传统的营销模式去探讨消费者所能够表达或者描述的需求特征，已经无法满足经济结构以及消费观念不断变化的条件下的营销需求。在消费者需求文化与企业经营管理文化二者之间，如何才能达成一种"情感的契约"，增强消费者与企业之间的沟通，增强相互信任，实现价值的有效转化，防止人欲匮乏衍生的消费失衡甚至消费静止态势，同时避免陷入"丰裕中的贫困"的消费倾向不强，有效需求不足状况等问题的衍生？这需要企业在营销策划时充分考虑消费者的显性需求与隐性需求的不同属性以及它们之间的关联，做到在满足显性需求的同时，刺激消费者的隐形需求，从而开发新的消费群体。尤其是营销在隐性需求的指引下，必将走向需求诱致性的机制，这样就会厘清消费者个体隐性需求的演化路径和影响机理，从而调动消费者的消费热情。

显性需求比较容易识别，可是隐性需求则比较难于辨认，但是在客户购买决策时确是隐性需求起决定性作用，因为隐性需求才是客户需求的本质所在。隐性需求来源于显性需求，并且与显性需求有着千丝万缕的联系。在很多情况下，隐性需求是显性需求的延续，满足了用户的显性需求，其隐性需求就会提出来，两者需求的目的都是一致的，只是表现形式和具体内容不同而已。为此，企业销售行为以及营销理念需要正确审视消费行为产生的动力之源，把握显性需求与隐性需求之间的关联，这样才能获得新的消费群体和开拓更大的消费市场。

（第 93 个三角形）

显性需求，就是实实在在的具体的物质需求；隐性需求，就是看不见摸不着的抽象的心理和情感需求。

显性需求，表现在对产品的使用价值、价格以及质量的需求。我们进行一项消费，本质上就是为了获取商品的使用价值。当我们判断某商品是否值得购买的时候，在理智的消费观念下，商品的价格以及质量是我们的判断标准。大众都喜欢物美价廉的商品，这是无可厚非的。根据这一点，经营者就该在怎么提高商品质量以及定价格协调上多下功夫了。

隐性需求，隐藏在基本需求的消费行为中，表现为对情感、感受信任的需求，或是为了维护一段关系，或是为了催生一段情感交往等，反正就是为了获取个人幸福感。因为人类都是情感需求动物，亲情、友情、爱情都是我们的必需品，那么，人类借助物质去表达情感或者藉由别人的物质馈赠去感受信任也是情理之中的。消费行为中的隐性需求，往往起着决定性的作用。因此，销售者如何挖掘商品能够实现的隐性需求，成为了制胜秘笈。譬如，母亲节到了，人们一般会选用哪些产品去实现隐性需求，又或者你的产品可以怎样去提供隐性需求，等等，这些都是经营者要反复斟酌的。

举两个例子：买宝马汽车以及送钻戒给结婚对象。先说买宝马汽车吧，显性需求是产品使用（即交通工具）、安全、快速；隐性需求是车子开到大街上显得有面子，向别人表达自己的消费能力，根本目的是为了显示地位优越、表达优越感和品位。隐性需求就决定了汽车的品牌选择问题。再看送钻戒给结婚对象，显性需求是好看、时尚、富有，达到了装饰艺术功能的需求，还有储备价值；隐性需求是为了表达时尚和消费能力。

在消费者需求中除了显性需求和隐性需求外，仍有深藏在消费者更深的心智，就是情感需求。比如，上面案例送钻戒给结婚对象除了显性需求和隐性需求外，更重要的一点就是表达永恒的爱情和像钻石一样坚贞与恒久，寓意对爱情的信任和追崇。

本章小结

在本章中，我从消费动机和消费需求来探讨消费的真相。消费者作为物质和精神结合的存在物，其消费进化基本上体现了由物质满足向精神满足的演化方向。作为消费品的生产者和销售者，他不仅要洞察消费者消费兴趣的层次，更要以此为出发点，建构起吸引和满足目标消费者及潜在消费者购买活动的符号体系。在具体的实施中，通过对消费者购买决策过程和时机的把握，准确判断消费者以什么来决定买不买，买什么，什么时候买，在什么地方买，以什么样的方式买，向谁购买，进而进行未雨绸缪的布局，培育和引导消费者的购买行为。

第八章　产品生产的三角形态

　　任何经济活动的展开，必须以产品为基石，因此，在讨论经济活动的逻辑链条时，产品是首先要面对的问题。产品不仅包括实体形态的商品，还包括虚拟形态的商业服务。美国市场营销大师菲利普·科特勒在其《营销管理分析、计划和控制》一书中，对产品概念的分析颇具启示性：任何产品，都无非包含了核心产品、有形产品和附加产品三方面的价值诉求。

　　何为核心产品？它指的是顾客购买产品所获得的基本功能、效用或利

益,它是一个抽象概念,其功能主要在于满足消费需求和感受价值。何为有形产品?它是可以通过听、视、嗅、味、触所感觉得到的实体或服务对象,它也是实质性的,它将产品的功能、款式、设计等通过商标、造型、包装等形式展示出来,是产品看得见、摸得着的有形部分,是将核心产品转化为满足某一特定需求的具体形式。何为附加产品?它是扩大化了的核心产品,是由企业加到产品上的,产品的品牌和商标及包装等不包括在消费实体之内、有具体的符号和图案、满足顾客某种心理需求的、具有象征性价值的无形资产部分。比如,在顾客购买实体产品的同时所获得的承诺、保证、维修、安装等附加在产品实体之外的附加服务和利益,都属于附加产品的范围。

我们从产品概念的三元素中可以看到,企业产品的竞争不仅是核心产品的竞争,而且是有形产品(形式产品)和附加产品(延伸产品)的竞争。企业要想提升其自身产品的竞争力,就必须时刻地关注其产品的整体概念,不论是产品的核心、形式与延伸,它们缺一不可。

第一节　产品研发的三角形态

一、产品

我们这里探讨一下如何做一个好产品的问题。一个好产品应具备哪些条件才是受消费者欢迎的？首先，产品的概念有狭义和广义之分，从狭义概念来说，产品就是被生产出的物品；从广义概念来说，产品是一种可以满足人们需求的载体。无论广义和狭义的产品，都是企业向市场提供的，引起人们注意、获取、使用或者消费，以满足消费者欲望或需要的任何东西。产品的属性是在一定的社会生产关系下生产出来的，具有使用价值、能够满足人们的物质需要或精神需要的劳动成果。

产品的分类有很多，最基本的分法就是将产品分为实体产品与虚拟产品。比如电器是实体产品，而电器的售后服务就是虚拟产品。我们平常接触最多的就是实体产品，有形有状，有模有样的。一个完美的产品就包括了我们今天要说的原材料、制造工艺、结构设计的三大因素。

提升产品的品质，要在原材料、结构设计以及制作工艺三方面入手，去打造消费者满意的产品。

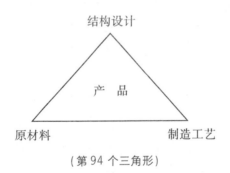

（第 94 个三角形）

原材料，是一切实际产品得以生产出来的根本。因此，原材料就是一个产品的最根本和最基本的要素。所以，我们要想生产或制作一个完美的产品，材料的选择就显得非常重要。不但这个材料要符合生产、制作这个产品的基本要求，同时我们还需要选择那些优秀的、能给日后生产出来的产品带来质的飞跃、量的突破的材料。所以说，选材很重要，原材料选不好，再好的制造工艺和结构设计，也都是徒劳无功的。原材料的选择取决于产品质量标准、产品市场定位标准、产品成本定位标准。

结构设计，是一个产品理性的发展与推广过程。随着经济社会的发展，行业划分越来越细，行业之间的相互依存关系也越来越紧密。这个时候，如果我们不重视对产业结构的研究与调整，就会造成一哄而上的生产，产品严重过剩，资源严重浪费的局面。我们现在更重要的就是要重视对产业结构、产品结构的有机统筹与划分。上下游的产品链要明确，在市场经济的基础上也要有一定的计划模式在里面。所以说，结构是否正确，是否完整，往往是衡量这个产品能否拥有持久生命力的重要因素。对于一个具体的产品，其产品结构设计有赖于企业或产品的品牌定位、产品的市场定位、消费者的定位，从而形成设计图纸与技术参数设计说明。

制造工艺，是将原材料变成产品的过程，是产品生命质感的保证，是一个产品的核心要素。制造工艺秉承设计的构想，突出了产品的审美内涵。工艺包括很多内容，如材料的输入、配方调整、生产的工序、质量控制等。工艺的好坏就决定了产品能否成功，就好比一个资质聪颖的孩子，如果不对他加以良好的培养与教导，这个孩子日后也可能会成为一个无用的甚至有害于社会的人。所以说，工艺是人类将一个个原本简单、粗陋、无用的材料加工成为一个个复杂、亮丽、有用的产品不可或缺的核心要素，是人类社会各项技术、创造得以发展的前提。制造工艺包含了专业的制造人员、专业的设备和设施、专业的检验工具和方法。制造工艺的原则是：技术上的先进和经济上的合理，它融合了生产者的智慧与审美情趣，它所体现出的美感有时超越产品本身的适用性，是获得消费者倾心的重要因素。

优质的产品，一定是由顶层结构设计开始，在优良的原材料和制造工艺的配合支持下，才能形成产品的优秀，三者互相影响，缺一不可，否则，都将会是被社会、被消费者所淘汰的产品。

二、产品的整体概念

产品整体概念是一个随着营销环境的转变而发生相应改变的概念,因而,我们必须以动态的视野来审视产品整体概念所不断更新的内容,这样才能使它对营销活动的指导作用与企业所处的竞争环境达到动态的统一。企业只有在重视产品整体发展的同时,加强对附加产品的研究开发,才能在竞争中立于不败之地。

美国市场营销大师菲利普·科特勒在《营销管理分析、计划和控制》一书中,对产品整体概念的三个元素作了明确的界定,即核心产品、有形产品和附加产品。[①]

核心产品是指顾客购买产品所获得的基本功能、效用或利益,它是一个抽象概念,其功能主要在于满足消费需求和感受价值。

有形产品(形式产品)是可以通过听、视、嗅、味、触所感觉得到的实体或服务对象,它也是实质性的,它将产品的功能、款式、设计等通过商标、造型、包装等形式展示出来,是产品看得见、摸得着的有形部分,是将核心产品转化为满足某一特定需求的具体形式。

附加产品则是扩大化了的核心产品,是由企业加到产品上的,产品的品牌和商标及包装等不包括在消费实体之内、有具体的符号和图案、满足顾客某种心理需求的,具有象征性价值的无形资产部分,比如,在顾客购买实体产品的同时所获得的承诺、保证、维修、安装等附加在产品实体之外的附加服务和利益,都属于附加产品的范围。

我们从产品的整体概念中可以明确地认识到:企业产品的竞争不仅仅是核心产品的竞争,更是有形产品(形式产品)和附加产品(延伸产品)的竞争。

一个企业为市场提供的产品中,最先需要突出的是能够满足市场的需求以及满足客户的需求价值,这样的产品就是企业的核心产品。其产品的核心竞争力,除了满足市场需求外,还必须有一定的感受价值,去满足客

---

① 菲利普·科特勒:《营销管理分析、计划与控制》第 5 版,上海人民出版社 1997 年版,第 583~585 页。

（第 95 个三角形）

户的情感需求，才能够让市场反响良好，这样才会能持续长久地发展下去。

其次，人们的视觉感官往往会影响产品的销售，经营者很善于将其加以利用之，从而完成从产品到商品的转变，也就是形式产品。作为形式产品的属性，包括了商品的品质、造型、包装、商标等。商标经过独特的设计代表企业自身特色的独一无二的标志，使之能够在销售过程里增进消费者的记忆。其产品的造型是否完美，是否有创新意识，是否可以吸引消费者的眼光；其包装是否独特、方便与安全等，都会直接影响其消费者的整体感受。要想在延伸产品方面获取竞争优势，需要分析影响顾客评定附加产品质量高低的因素，这里有物流配送、安装以及售后维修以及提供及时的解决方案。

附加产品（延伸产品）有时会格外引起消费者的重视，这是因为延伸产品的无形资产更能满足其独特的需求。卓越的附加产品能够提供给顾客更多的附加利益，从而赢得顾客的满意度，正面的口碑能够为企业赢得越来越多口碑效应顾客，这样实际上就降低了营销成本，由此产生成本递减效应，必定会为企业创造成本优势，正确理解产品整体概念是做好产品整体营销的第一步。企业只有在重视产品整体发展的同时，加强对附加产品的研究开发，才能在竞争中立于不败之地。

当然，最重要的还在于其产品的内在品质，品质决定价值，好的品质才会有消费者忠诚度。

经营多年的知名企业，例如联想公司，不仅有着先进的技术研发、产品销售团队，而且其全国联保的售后服务一直得到广大消费者的肯定，这无疑是让更多的人信赖这个产品的重要原因。由此也让我们看到延伸产品在营销管理中的重要性，意识到虽然产品质量上去了，但其物流配送、维护安装及有效解决问题等售后服务，若没有一起到位，则会让消费者在一次购物失望后便永远地将其列入黑名单。以上这些组成了产品的整体概念，贯串于企业经营的全部环节里，营销管理也无法逃避上述的任何部分。企业要想提升其自身产品的竞争力，就必须时刻地关注其产品的整体概念，不论是产品的核心、形式与延伸，它们缺一不可。

营销的成功与否，从根本上说取决于对产品整体概念的把握，只有真正做到内有核心外有形式，且延伸至极致，才能带动企业的持续发展。

三、研发周期与产品生命周期

从产品研发到产品转变为商品，是价值累积和不断转化的过程，这期间产品的生命状态犹如自然生命一样，是不断地质变的过程，从一堆原材料变成一个有生命的产品，是研发人员智慧的结晶，也是研发给予了原材料一个新的功能。这是价值的转换过程，在这个过程中研发周期决定了产品的生命质量以及社会价值。

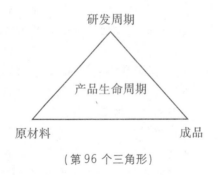

（第96个三角形）

但产品研发周期对于产品生命周期的影响是把双刃剑。研发周期过短，会造成产品的技术含量不足或者不能实现产品在这一定时间段里的领先性，并且因此而失去竞争优势；研发周期过长，虽然在技术和结构上得到完善，但是会造成研发成本过高以至于产品成本加重，尤其是会错失产品进入市场的最佳时间，从而失去产品的市场竞争地位。

物质皆有生命周期。产品在没有变成商品之前,它需要呆在工厂里面酝酿价值,从原材料的投入到半成品,再从半成品到成品,然后经过层层考验,才能最终流入市场,变成商品,呈现在消费者面前。

产品研发是源头。这里,我们需要关注的是公司推出的新产品周期,它的研发周期长短往往影响整个产品的生命周期。投入巨资且研究经年的产品,其在市场的生命周期也往往历久弥新,经得起市场的考验。例如有的药品,在推出市场前的都会有5~8年的临床试验阶段。所以,企业推出新产品就要有一定的研发周期,不能一蹴而就,欲速则不达。

每一件新生事物在刚刚诞生的时候都是轰轰烈烈,但是到了需要更新换代的时候,旧事物往往显得越发力不从心,甚至是苟延残喘。因此,不管是从事哪些产品生产、销售的公司,在开展新产品的研发与推出上都应该注意把握好节奏以及时间。如果公司急功近利,不注重研发新产品创新的质量,为了吸引市场的关注,以缩短产品研发周期为目的,这样往往会适得其反。上一个产品所蕴藏的市场能量还没完全发挥殆尽,下一个产品就被赶出来了,你感到筋疲力尽不说,消费者也会难以接受。

与其害怕被竞争淘汰,不如实行自我的修炼,这也是获得市场的一个方法。在研发投入不够的时候,转而注重产品原材料的材料质量、结构以及新功能等方面的创新,对产品做出相应的改进;也可以注重产品销售渠道的建设,例如直销或者电商等,这些都是延长产品生命周期的方式。

四、时尚产品的创造性

时尚是一种文化,时尚消费本质上是一种文化现象。由于这种文化与消费的紧密结合,从而使得消费具有了不同于普通消费模式的诸多特点,消费过程中的符号性内涵更加凸显。在消费过程中,消费者不仅接受着时尚文化的内涵,同时也通过自己的主动性理解和重构,积极地进行着超前感受和用新奇包装自我的体会。这种体会使得消费者超越了普通消费层次所带来的愉悦和满足,并且通过在消费过程中得到另一种生活方式与生活模式体验。

创造性是时尚魅力的灵魂。时尚并没有一种固定的模式,自由和随性的生活态度、简单简约、奢华与节俭都能成为时尚;时尚是当下的艺术,时尚是一种永远不会过时而又充满活力的艺术；时尚是大众文化，是一种与众不同的生活方式，时尚的动态性决定了其不断推陈出新的特点，这恰恰就是时尚所独具的新奇风格。时尚都是短暂存在的，时尚不是一成不变的，而是时时都在变化，时尚仅代表一定时期的潮流，因而创造时尚的本身就是引领时尚潮流，抛弃旧有的，然后去寻找未知的市场空间，在旧市场空间里创造新产品或新模式，或者创造新市场、细分行业甚至创造出全新行业，这些都是时尚的源头。

人们追逐时尚，是因为消费者的消费主体地位和时尚消费的创造性功能得到了强调，并在消费者的消费快感中得到诠释。时尚消费就这样以其独特的方式成为了消费者欲望表达和自我建构的工具，凭借时尚消费的符号属性，消费者可以进行一系列的自我设计和自我表现性的行为，而这也正是时尚消费之所以流行的独特文化心理机制和深层文化根源。而时尚市场中的各种商品，则给了消费者改变外表进而改变自我的丰富机会。借助对它们的消费，消费者可以进行"创造新的自我、维持现存的自我（或者防止自我的消失）、扩展自我形象（修正或改变自我）等活动"①。在西方媒体中甚至出现了"我消费，我存在（I shop, therefore I am）"这样的广告用语。

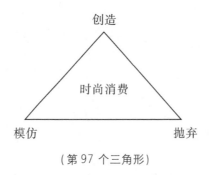

（第97个三角形）

时尚需要创造性，因为时尚是人为创造出来的。时尚是一直向前、永不止步的一种潮流，每一个时尚的出现都不是偶然的，所有时尚，都是因

---

① Schiffman G，L Kanuk：Consumer behavior（影印版），清华大学出版社2001年版，第150页。

为有了人为的创造而在某一个特定的时空形成的一种消费文化。创造是人类进步之源，也是企业发展的根本。

任何人类的发明、发现都基于创造性。物品、技术、经验的更新换代是经过一个积累的过程而产生，这个过程包含了创造、模仿、抛弃、再创造这样的一个轮回，然后周而复始，不断推动社会向前发展。

市场上时尚的新产品是经过研发而被创造出来的；新的市场机会也是被创造出来的，例如时尚的互联网；流行的管理方法、新颖的营销手段等的时尚都是基于创造性而成。

模仿是人类的天性之一。人类社会的各项事业，都是建立在取长补短的模仿基础上的，模仿的过程必定会融入模仿者的思想和智慧，这为创造时尚打下了基础。

抛弃是前一轮时尚的结束，却是孕育下一步创造的开端。很多之前被认可被称道的东西，在一段时间后会变成束缚发展的枷锁，那人们就得毅然决然地予以抛弃。

时尚是人们的追求，它来自于创造，创造是发展之本，是时尚之源。流行的经济理论"蓝海"① 就是让你抛弃和创造。但是因为市场的模仿，"蓝海"是短暂的，它会迅速变成"红海"。由于模仿，所谓的时尚迟早会被抛弃，这就是时尚的短暂性，没有永恒的时尚，时尚是当下的一步台阶，人们只有迈过第一个台阶，才会进入下一个时尚圈。

---

① 所谓的"蓝海"，指的是未知的市场空间。企业要启动和保持获利性增长，就必须超越产业竞争，开创全新市场，这其中包括一块是突破性增长业务（旧市场新产品或新模式），一块是战略性新业务开发（创造新市场、新细分行业甚至全新行业）。相对于"蓝海"是指未知的市场空间，"红海"则是指已知的市场空间。

第二节　品牌与专利

一、品牌的本质

品牌建设要注重对品牌真相的探索。品牌的本质是什么？这涉及品牌效应方方面面的问题，应该说很多人甚至是企业经营管理者对品牌本质的理解不全或者不够深刻。因为人们很容易按照自己已有的知识结构去认识品牌的本质。例如，营销专家认为品牌就是营销工具，战略专家认为品牌就是战略差异化工具，美术设计人员甚至直接就认为品牌就是Logo。

其实"品牌是什么"和"品牌的本质是什么"是两个完全不同的问题，"品牌是什么"是形而下的问题，人们可以按照自己的角度给出自己的理解，这个问题可以有很多种不同的答案。而"品牌的本质是什么"却是个形而上的问题，只能有一个答案。

笔者认为，品牌的本质就是企业或者团体长时间的善行所取得的消费者对其有形产品或者无形产品的夸赞与认可。

品牌是长期形成的，不是短时间内所能成就的，并且需要一如既往地坚持善行与信誉积累。这样才会取得消费者的信任，才会积累信任的力量。这种信任的力量会逐渐显露，这就是反映在商标上面的无形资产。品牌是一座冰山，品牌的可见部分和不可见部分可以用一个漂浮的冰山来形容，标识、名称等可见部分约占品牌内涵的25%，而价值观、智慧和文化等不可见部分约占品牌内涵的75%。这个比喻道出了品牌的本质，品牌的本质是我们所看不见的一条无形价值链。

人们对品牌本质的认识都基于能够看得见的那部分，因而有了品牌本质的初始的两个论点，即标识论、象征论。随着人们认识的深化，逐步把品牌从产品中分离出来，成为一种具有文化价值的特殊符号，大卫·爱格等人将品牌的本质定义为一组经营关系，并以品牌关系命名，这和人的本质是一组社会关系的总和很类似，这就使得品牌具有了文化属性。那么消费品就必然成为某种文化意义的符号。企业如果把其独自拥有产权的产品培育成为特定意义的价值符号,那么品牌注定要成为特定文化意义表征物。于是,品牌不再仅仅是产品的标识,而是拥有自己的独立内容,成为某种文化意义的符号。这种"本体论"的提出,标志着人们对品牌内涵的认识进入到一个新的阶段。

(第98个三角形)

自古以来,人们都很注重自身的招牌,品牌本质也是企业的发展的根本。品牌的信任力量、品牌的商标,以及品牌的使用功能、产品与消费者的关系都是品牌本质的内容。

品牌中的信任力量,这是一种企业的软实力,在不知不觉中可以提高企业或产品的竞争力,它是积累来的,不是人力、物力或金钱可以一蹴而就的。提高品牌本质的最重要的方法就是提高品牌的信任力量。一个好的产品,深入人心,看似是一个简单的问题,但是消费者在看准消费品的时候,对品牌的对比、质量的追溯以及产品能否给消费者带来优惠或方便、企业特有形象是否良好等,都是企业赢得人心最主要的保证,一个企业源源发展的动力就是消费者的认可,这一点提高品牌的信任力量,无可替代。

在品牌发展的过程中,商标的建立与使用是企业的一个标志,商标的使用不仅是企业的一个服务代表,也是企业的一个专属,是受到法律保护的,更是一个企业无形的资产,是企业发展的荣誉代表。在企业或者产品品牌的发展以及市场扩展过程中,最主要的就是可以与其他企业和产品的品牌区别开来,突出企业的特性,引导消费,更是保护企业和产品以及信誉的最佳手段。

品牌的使用功能有以下3方面,首先品牌帮助消费者对商品资讯加以处理。在人们的购买过程中，品牌充当着无声的导购员，对产品信息起着有效的显示作用。其次，增强顾客购买决策时的信心。它不仅使消费者省去大量的时间、精力去掌握不同商品的有关信息，而且极大地减轻了消费者的精神负担。最后，品牌的使用可以提高顾客的精神消费的满意度。越来越多的消费者正从理性消费走向感性消费。人们在消费过程中除满足物质性基本需求外，更加注重商品所具有的象征意义和表现能力。

品牌中的商标、信任的力量、使用功能一起构成了品牌的本质内容，这三种因素既包含了品牌象征性因素，也涵盖了品牌本体性元素，因而企业在品牌建设以及制定品牌战略时须考虑到品牌的本质问题，如果只是重视品牌的标识以及象征性元素，那也可能只在产品包装、产品商标以及表象创意方面下功夫，而忽略了品牌文化价值的建设与开发，这样树立起来的品牌一定不会长久，同时会失去品牌的价值意义。因而只有品牌具有独立的价值内容，成为企业文化的符号，才是品牌的本质。

二、品牌价值

哈佛大学商学院的迈克尔·波特教授在其品牌竞争优势中曾提到：品牌的资产主要体现在品牌的核心价值上，或者说品牌核心价值也是品牌的精髓所在。

那么品牌的核心价值都有哪些因素构成的？这成了研究品牌价值的关键所在。对于这个使人困惑的问题，无论从传统的经济学还是市场营销学中都找不出现成的答案。品牌的价值是无形的，它不能像有形产品那样进行价值评测，品牌的价值构成是一个复杂的系统合成，它不仅仅反映实体产品的现实价值，而且还是企业整体精神文化价值的整体价值承载平台，企业通过品牌这一价值平台让消费者享受企业文化以及由企业文化所带的形而上的精神产品。因而品牌不仅仅是反映企业与消费者及竞争对手之间的关系，而是包含了更多的无形的价值。这些价值已经通过现代营销管理学的相关体系得以评估，并可以以实际货币或者资产的形式来计算，这就使得一直处于海平面以下的冰山露出了它极具价值的一角。这也使得产品的价值以及企业的价值重新得到定义。

关于品牌价值的内涵，学术界有不同的理解。有人认为品牌价值的基础是产品或服务的质量；有人认为品牌价值的基础是品牌为消费者提供的附加利益；也有人认为品牌价值是一种超越生产、商品、所有有形资产以外的价值，是生产经营者垫付在品牌方面的本钱；还有人认为品牌价值是品牌竞争力的直接表现；等等。

我觉得这些都不足以说明品牌的价值意义。首先，品牌是一条复杂的价值链。这条价值链就像一条精美的项链一样，每个环节都有其自身的价值，缺少一个环节，品牌的价值都难以实现。因而企业在打造品牌价值时注重每个价值链节点的价值，不能厚此薄彼，这样整个品牌的价值才能呈献给消费者。

（第99个三角形）

我们经常会听到说××企业创造了多大的品牌价值，××企业的品牌价值值多少钱。那么，这里说的品牌价值到底是什么呢？

品牌价值简单来说包含硬价值与软价值两大方面。其中的硬价值指的是这个品牌代表的企业所生产的产品价值。因为这个产品是实实在在地向人们提供工作、生活、学习、娱乐等方面的基本需求的，是可以看得见的，因此被称为硬价值。硬价值是具体存在的，所以也为大众所认识和认可。

软价值包括有服务价值以及专业支持价值。这两项价值因为不是具体的东西，是很难用实际的东西来进行衡量或判断的，所以被称为软价值。现在，人们对软价值的要求越来越高，人们购买一个品牌的产品，不仅仅只重视这个产品本身给自己带来了多大的实用性，也诉求购买这个产品时所能带给自己至高无上的服务的享受，通过这个服务，进一步加深自己对这个产品的认可度与归属感。服务价值里面具有文化含量。

同时，技术支持是品牌的软价值之一，毕竟现在的产品的技术因素越来越多，每个人不可能掌握所有的操作与使用的技术，另外产品技术升级的速度也越来越快，所以，技术支持既等于是对产品服务的有效补充与升华，也是留着老顾客、吸引新顾客的一个重要因素。例如汽车4S店的营销模式。技术支持价值包含了环境含量和品位含量。

我们需要明辨的是，价格不等于价值，价值往往会体现出比价格更有说服力与影响力的内容。具有品牌价值的产品，其价格大于价值，并且能够维持更长久产品生命周期。没有软价值的产品，其价格就只能等于或小于其价值了。

在当前产品同质化越来越严重，价格战、成本战、场地战打得越来越激烈的同时，我们不妨从软价值的方面进行突破，通过良好的服务与技术支持，从而实现产品的排他性、垄断性以及品牌性。产品是平台，服务和技术支持是商业模式更是盈利增长的要素。

如果说品牌的硬价值是竞争力的话，那品牌的软价值就是盈利力和生存力。

三、专利产品

专利权是一种专有权。这种权利具有独占的排他性，专利经过法律程序的备案，就变成了一种权利，就是专利权。专利最显著的属性就是创造性，创造性是获得专利的重要因素。专利是企业的竞争者之间唯一愿意率先向公众公开的一种专有权利。

近几年来，由于现代企业架构的健全，专利权利主体从自然人逐渐向公司的转变，这意味着发明活动不再是个人意志支配的行为，而变成由投资行为支配的研发活动。个人不再是研发活动的主导者，即使个人拥有了专利权，但是有时限于财力以及生产条件的要求，专利也难以转变为产品。因而许多有创造力的发明者由独立发明人转变为公司的雇员，专利从创意开始，一直到形成产品，都是一个独立团队的智慧。专利成果的形成是一个漫长的过程，因为一项专利的形成，要经过创意构思、设计中的技术路线的确立、研制过程中的样机试验以及最后形成的产品企业标准甚至国家标准的制定等环节。

知识产权的保护十分重要，因为同业企业竞争情报的分析者，会通过细致、严密、综合、相关的分析中得到大量有用信息，进而将获得的专利资料为本企业所用，实现其特有的经济价值，转变竞争的态势。所以，一个企业要有知识产权保护意识，知识产权保护的强化，能够提高企业的创新能力。从技术产出的角度看，专利保护除了依法获取专利权之外，最重要的是企业要善于进行专利管理，真正重视专利形成过程的每一个环节的价值。

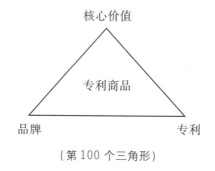

（第100个三角形）

专利权属于知识产权之一，企业在产品研发过程中涉及的知识产权都可以包括哪些专利呢？

专利分为三种：外观设计专利、实用新型专利和发明专利。从字面上讲，专利即是指专有的利益和权利。专利即只有我们自己可以使用，而这三种专利在我们产品研发制造过程中是怎么涉及的呢？

在我们对一款产品的研发阶段，创意跟构思思路是必不可少的一部分，创意要独树一帜，不能使用他人的知识产权，否则不仅体现不到自己的创意，而且会涉嫌侵权。把自己的构想和思路表现出来就是创意。也是产生发明专利的源头。另外，发现与发明也是有区别的，发明是创造过程，发现是再创造的过程。

在设计阶段我们要利用我们的知识，设计出完整的方案，结合产品的形状、构造而提出实用的新的方案，这些涉及的是实用新型专利，在技术上设计出好的产品，要求产品的创造性不高，但是实用性必须强，要求的是有形状的产品而不是方法，只有这样我们的产品才能受到客户的青睐。

在生产样机出产品阶段中，例如一家企业的产品包装，产品的形状、图案而创造出富有美感的设计，这涉及的是外观专利。而这其中结合产品形状构造提出的方案内容，又具有新型实用性，这又涉及实用新型专利。由此可见知识产权对我们企业的重要性，它可以对我们的技术成果进行保护。专利权必须申请和登记，才能受到法律的保护。所以，知识产权保护意识在企业经营中具有重要的战略必要性。

本章小结

本章从对产品的理解说起，涉及了产品研发、品牌化、专利化等方面。经营企业，说到底是在通过经营产品而获得利润。在这一过程中，品牌化和专利化是企业从竞争胜出两大法宝，其中，专利化也是品牌化策略的构成部分。人们对品牌的价值构成存在不同的看法，但在我看来，品牌犹如一座冰山，品牌的可见部分和不可见部分可以用一个漂浮的冰山来形容，标识、名称等可见部分约占品牌内涵的25%，而价值观、智慧和文化等不可见部分约占品牌内涵的85%。通过这个比方，我们得以呈现品牌的本质：它是一条我们不能一眼穷尽的复杂的价值链条，这条价值链就像一条精美的项链一样，每个环节都有其自身的价值，缺少一个环节，品牌的价值都难以实现。因而企业在打造品牌价值时注重每个价值链节点的价值，不能厚此薄彼，这样整个品牌的价值才能呈献给消费者。

第九章 服务成交的三角形态

　　营销活动是企业在市场舞台上的自我展示，真正的营销必定是一次感情的大投入，是企业以及营销人员的一次精湛的艺术表演，这里营销员一次微笑、一个有质感的形体动作以及对自己、对产品充分的自信，都会赢得意想不到的收获。我们把这种感情投入的艺术表演称为服务。

　　谁都懂得赢得市场的先机就必然有成功的营销作为条件这一硬道理。在营销学逻辑里，市场维度就是营销的起点到营销的终点，因为营销产品

得以正确地、清晰地走向市场。企业服务于消费者的有关的行为活动，变成了的一种企业与消费者沟通的技巧与艺术。汉语中之所以用"营销"这一词语，是为了明确表明营销活动截然不同于产品单纯的销售以及软性或者硬性的产品推销。其重心并不在"销"，而在"营"，也即经营。企业面对市场开展的所有经济活动也即是营销活动中表现出的服务，它的外延远比销售流通领域大得多，营销中的服务不但涉及售后消费等领域，而且还关乎企业文明以及在此基础上形成的企业文化，服务表明了企业的整体素质。营销不是把市场视为商品生产过程的终点，而是把市场视为商品生产过程的起点。早在产品创意阶段企业就已经根据消费者的需求信息来努力探寻、创造能畅销的商品以及商品能畅销的条件。服务不是企业经营管理中的一项可以单独存在的职能，营销和服务不只是企业销售部门推销员的业务，而是企业经营活动的全部。任何企业本质上都不过是一个营销组织而已，服务是一个系统工程，它是人类智慧和情感在产品上的附加和延伸。

第一节　市场服务的三角形态

一、VIP 的功用

我们认识 VIP，是从服务开始的，VIP 是英文（very important person）的缩写，意为非常重要的客户。VIP 是企业的一种营销手段，这种营销手段的主要内容是创新的服务模式。因而，人们谈及 VIP 首先联想到的是服务。其实 VIP 是商业和服务企业为应对日益激烈的市场竞争、提高顾客忠诚度、促进销售而推出的一种营销手段，VIP 营销就是企业把一部分消费能力较强的顾客作为一个特定消费群体（一般称为 VIP 客户），并为这个特殊的群体在营销和服务上给予一系列特殊的待遇和高端服务。

VIP 营销不同于其他的营销模式，首先它针对的目标客户是有独特的特征的，他们总是以一种有别于普通大众消费者的身份符号而形成一个群体，这是因为 VIP 的消费模式针对消费群体已经设定了限制性条件，比如拥有财富以及消费能力、知识层次等，因而他们是市场的一部分。企业根据他们的消费心理和消费需求，提供与众不同的产品和服务，从而满足他们看重精神感受和自身价值体现的一个比较高层次的需要。VIP 客户虽然只是市场的一部分，但是往往会为企业带来丰厚的利润，按照意大利经济学家帕累托的"80／20 定律"，为企业创造最大利润的仅占 20% 比例的那部分小众群体，却为企业销售贡献率最高。

作为一种营销手段，VIP 切中了高端消费者的消费心理，它在三个方面集中体现了这种营销方式特殊的功用。一是由于 VIP 营销的核心是服务，因而其利用 VIP 贴心的服务，实现了通过营销和服务为顾客创造价值，并且通过创造顾客价值实现了创造企业自身价值的目的。二是 VIP 服务给了消费者最直接的感受就是"有面子"，这一迎合消费心理的营销模式另一个有效的功用就是刺激了准客户，激发了目标客户的消费欲望，甚至是期望，期望成为 VIP 客户。VIP 营销就是通过服务来实现 VIP 客户的价值最大化，进而来实现企业价值的最大化，让 VIP 的拥有者更加珍惜消费身份,并为能成为一个稳定的消费群体中一员而自豪,这样的结果是让消费更加有序,形成了一个稳定的双赢局面。

(第101个三角形)

谈及客户服务中的 VIP 功用,多数人的第一反应是折扣功用、限量功用。事实上,在竞争激烈的今天,越来越多的企业开始意识到 VIP 服务的功用,以 VIP 形式服务给客户更能够营造高品质,体现出企业的文化内涵,同时也能使人深刻地记住产品。

调查表明,VIP 服务能够提高顾客忠诚度和回头率。无论哪个地方的成功人士,也许他们的文化不同,但作为一个客户,他所处的位置决定了他会为他的身份而消费,例如对产品的高品质、有内涵、有魅力的要求,在这点上,是不会拘泥于文化和地域的。这也就是为什么人人都希望成为 VIP 客户的原因。

VIP 的设立,其实就是让客户感受到被重视、有面子。VIP 其实是一种常见的营销手段。比如一些企业、机构,其商品、活动只针对 VIP 客户,其针对 VIP 客户的服务也更优先、高质。

以汽车俱乐部为例,许多汽车俱乐部针对 VIP 特别推出会员折扣,定期系列活动,如奢侈品品鉴会、舞会等,在这个过程中,VIP 客户除了能够享受美食,还能结识更多圈层的人。所谓"物以类聚,人以群分",凭借 VIP 身份能够更好更快地结识圈内人士。这对没达成 VIP 条件的人士,也是不小的诱惑,让其更加向往和迫切向往这样的服务,从而刺激准拥有者。而这也是 VIP 服务的本质。

有趣的是,一些企业推出的 VIP 服务是按照级别进行分类。在客户群中,身份越尊贵,享受的服务档次也就越高。企业设置 VIP 其实是为了管理更有序，更好地促成品牌溢价，其最终目的也是直指盈利，但有一点必须引起重视：作为销售人员，应切忌不可让客户有"被分类的感觉"，而应该对每一名客户提供最基本的服务。

VIP客户的服务管理对商家而言也就是获得客户资源，客户服务更精准和有序，从而降低服务成本和不可预见性费用，通过VIP客户信息网络开展更多的延伸产品推广和服务，既为商家带来获利机会也为客户带来了便利和实惠。

VIP准客户在攀比心理作用下迫切向往拥有VIP身份，从而为成为VIP的条件而勤奋地向商家付出和贡献。

这薄薄的一张VIP卡，商家作为掌控者掌握了这张卡的话语权，从而拥有了客户资源和延伸服务而创造了获利机会；VIP卡拥有者因获得实惠和便利而更有地位感，对商家更加忠诚；VIP准客户为拥有资格身份，不惜代价为掌控者消费和贡献，这样三者互为促进和影响，令VIP更有价值，更值得人们向往。

二、服务的价值

首先我想强调的是，我这里所讲的服务是人性平等状态下的一种工作意识。由于服务的内涵往往与卑躬屈膝、阿谀奉迎、吮痈舐痔、攀龙附凤等人性非平等状态下的行为相提并论，从而让"服务"这个词偏失了人文正能量的轨迹，"服务的价值"意识正在悄然迷失。公务员不再真心实意地去为人民服务，员工把服务意识凌驾于报酬之上，个人私欲急剧膨胀，造成服务价值迅速打折，而服务价值贬值的直接后果是情感沟通受到阻碍，心灵得不到抚慰。对于产品来讲服务价值就是企业随产品销售向顾客提供的各种附加服务，包括产品介绍、送货、安装、调试、维修、技术培训、产品保证等所产生的价值。对于一个人来讲，服务价值在于主动性沟通、正确理解所产生的情感输出，输出是"舍"的过程，只有"舍"才会有"得"，为别人做一些事情，这是回报的第一步。

我们经常提到要为别人服务。例如为上司服务，为我们的顾客服务。那么服务都包含了哪些具体内容呢？或者说一个稳定的服务价值体系是由那几点因素构成的呢？

（第102个三角形）

首先，服务价值的基础就是做好本岗位的工作，这是你身体力行的最好的例证，如果一个人连自己的本职工作都做不好，那就是没有服务好企业，因此也很难体现服务价值。因而学好技能，去为完成上司布置的目标任务而努力工作，这就是积极主动的服务意识。只有这样员工才能充分利用公司提供的资源，才能以服务创造价值，才能成就自我价值。

但是，下级对上级领导者提供服务，不能简单的理解是提供高质量的工作技能服务，而是提供令领导者精神感受愉悦和心灵体验满意的服务，即服务有水平或服务有艺术，领导者的精神和心灵得到关怀在于领导者的战略思想在服务中得到实现，牺牲自己的时间、精力来服务别人，满足他（她）人的需要，服务意识是具有崇高奉献精神的思想，这就是服务的本质和意义。

其次，对顾客的服务。客户服务就是要做得比客户想得到的更多更好，服务价值是构成客户总价值的重要因素之一，对客户的感知价值影响也较大。服务价值高，感知价值就高；服务价值低，客户的感知价值就低。在这里三个概念很重要。一是客户的期待，也就是客户怎样看待这件事情，是满意还是不满意，这是一个心理上的感觉，主要是主观因素；另外，满足客户的利益需求是客观因素，例如身体需求。二是达到，即满足客户的客观需求和心理期待，例如情感需求。三是超越，仅仅达到还不够，要做到最好，远远超出客户的期待，令人难忘，例如心灵需要。

服务的价值包含了情感、心灵与身体三个重要的因素，三者形成了一个稳定的价值组合关系，三者互为支撑点，缺一不可，缺少一个点的支撑，这个价值体系必然会轰然倒塌。因而无论企业与个人在建设服务价值体系时都不应该忽视三者的内在联系。

三、服务的过程与结果

　　服务是一种营销形式，比如前面我所提到的VIP就是一个例证。但是不是所有的服务营销都像VIP那样设定一个特殊的消费群体，而是绝大部分的服务营销针对的都是普通的消费者，并且这种服务营销伴随着产品走向市场的每一个环节都能够得到切实的体现。因而评价服务的质量就有了两方面的评价体系，那就是服务的结果质量和过程质量。

　　英国著名服务营销专家格克里斯廷·格罗鲁斯教授认为服务的质量分为质量结果与过程质量两个方面，但是作为影响服务营销的效果的评价指标，是结果质量重要还是过程质量重要？如何认识过程质量对结果质量的所产生的决定性影响，是企业在构建服务营销策划方案时就应该充分虑及的问题。我认为服务结果质量与服务过程质量孰重孰轻不能一概而论，而是要找出他们之间的相互影响因素，确定一个稳定的服务体系态势才是构建服务营销体系的根本。

　　我认为服务的过程是为了服务的结果，因此服务过程的质量以及服务过程中的服务态度，往往是服务结果的决定性因素。服务结果就是服务产出的质量，即在服务交易或服务过程结束后顾客的"所得"（即得到的实质内容）。一般来说，由于结果质量牵涉的主要是具体的有形内容，从而顾客可以通过较为直观的方式就可以加以评估，并且顾客对于结果质量的衡量也较为客观，好就是好，不好就是不好，是看得见摸得着的，这全凭顾客对服务的结果具体感受。

　　过程质量就是指是如何接受或得到服务的。由于服务具有无形性和不可分割性，从而服务过程即服务人员如何与顾客打交道或提供服务，必然会影响顾客对服务质量的评价。一般来说，服务过程质量不仅与服务时间和地点、服务人员态度和仪表、服务方法和程序等有关，而且与顾客个性、态度、知识和行为方式等因素有关，从而顾客对于服务过程质量的评价一般较为主观。

　　服务的结果是有形的具有实质性内容，而服务的过程往往是无形的。服务的结果获得的是顾客客观的评价，而服务的过程获得的却是顾客主观的评价。因而要想获得一个理想的服务结果，就必须在服务过程质量和服务态度上下功夫。

（第103个三角形）

服务的目的就是结果，但结果要让人满意，这其中的服务态度和质量就显得尤为重要。你想想，当一个人用钱买来的服务一天到晚都是枯燥机械的重复，或者每天都在面对着一张张苦瓜式的脸蛋，这种工作态度可以有好的服务质量吗？

首先，树立服务质量第一的观念。举个例子，苏泊尔公司质量风波发生后，当社会各界都对其提出质疑的时候，该公司立即就发出澄清公告，并且对其做了质量检验，以求让消费者放心使用。所以，如果发现产品有质量问题的时候，企业的工作人员必须秉承着对客户负责的心态对产品的质量进行检测和更换，这种服务质量的创建必须从每一个企业员工做起，实现零质量问题的最高指标。

其次，建立认真亲和的服务态度。企业员工一方面必须严格按照劳务标准加注把自身的工作做好；另一方面，在面对消费者时必须耐心、热情。只有做到这样，才可以大大提高工作的质量，获得更多客户的好评。

最后，积极改进服务质量，贴近消费者。经常开展客户满意度调查，以超越消费者的期待作为服务宗旨，在调查过程中积极改进服务质量，更好地完成工作。还有，服务质量的问题不是出现了再去解决，而是要主动发现，才可以创造出让人满意的结果。

企业未来的结果离不开好的服务态度和质量，这也可以成为企业的竞争优势。

四、交易

交易是营销成功的标志,实现交易的首要条件是交易平台的确定,买卖双方对有价物品及服务进行互通有无的行为都是在一个平台上完成的,没有任何一宗交易是在无平台的情况下实现的。因为交易是买卖双方的互换行为,它必然要通过中间物或者媒介来实现互通有无的行为。因而企业要想让自己的产品实现交易,也就是实现销售并实现价值的转化,就必须要首先让产品进入一个交易平台,就是进入市场,这是实现销售的前提条件。

(第104个三角形)

什么是交易?有人解释为:交易是买卖双方以货币为媒介的价值的交换,以货币为媒介,物物交换不算。

这样的解释有点片面,第一,忽略了服务平台;第二,物物交换也是交易的一种表现形式,只不过是没有直接通过货币而进行的罢了。

在交易过程中,服务平台的重要性在哪里呢?交易是一种价值的交换,需要的是一个双方均可信任的交易平台。例如你去买金银首饰,路边陌生人向你兜售的,你肯定不放心,你要到专营店或者大商场去买,这里,专营店和大商场就是你信任的服务平台。同理,作为金银首饰的生产制作厂家,他也不可能把自己的产品随随便便地交给一个人去卖,而是通过专营店或大商场销售,这也是他们认可的服务平台。

货币和租赁在交易中充当怎样的角色呢?钱和赁都是交易的中间体。买卖的关系通过钱或赁来完成。钱就是货币,买东西要给钱,天经地义的事情。而"赁"这个字，可能大家有些丈二和尚摸不着头脑。我们先来解释"赁"这个字的字面含义，赁者，租也。就是说这个交易过程不一定是传统的那种货币交易的模式，而是通过租用来达成这个交易。

租赁，或者以租代购，在日常生活中，这样的方式也越来越多了。举个例子，在汽车行业，买车是一种交易，租车也是一种交易，而以租代购也是一种交易。以租代购这种购车形式实际上是租车。车主依然是车行，但租车人在租车期限内拥有绝对使用权。这种租车的好处在于租车者可以用很低的首付及月供就将一辆新车开回家。在租约到期后，把车还给车行或以当时市值购买永久拥有。

交易，只要是买卖双方认可的，能符合双方利益的，钱或赁的模式都是无可厚非的，当然，服务的平台是非常重要的，没有这个平台的基础，交易的过程就会充满风险。

第二节 市场成交的三角形态

一、销售过程中的要素

一切的销售都是以成交为最终目标的。但是一宗买卖从谈判到成交,中间会有许多影响因素,比如双方的情绪、产品自身的质量以及销售气场都会直接影响成交。我们首先来分析一下成交双方的情绪问题,情绪表明了买卖双方的心情,如果买卖双方都处于一个心情较好的状态下,那么,无疑成交的概率会大幅上升;否则,买卖双方的心情处于一个非常糟糕的状态下,成交就会直接受影响。因而聪明的销售员都会营造一个影响心情向好的谈判环境,目的就是想让消费者有一个愉悦的心情。

在实际销售工作中,销售员掌握了许多影响购买者心情的办法,比如有的销售员会与购买者做朋友,帮助消费者做一些与销售无关的事,目的就是取悦消费者,让消费者拥有一个好心情,实践证明消费者购买时的心情会直接影响他的购买决策。

(第105个三角形)

产品在成交过程中起到了决定性作用,产品品质优良、产品时尚、产品功能丰富、产品安全节能……都是顺利成交具备的重要先决条件。

一切销售行为的前提是产品,目的是成交,这是一个道理。只是从产品到成交,中间的环节可能会比这两者更加重要。

人们常说，销售是门体力活，也是一门艺术活，没有统一的标准和答案，但也不是无章可循。从产品本身来说，其对消费者所带来的生理价值、心理价值、经济价值都是很重要的前提条件。在此基础上，我们才能谈到销售的过程以及最终的成交。

气场是什么？气场就是指这个产品所给消费者带来的强大的震撼性与感染力。优异的质量、强大的功能、科学的设计等这些方面，都会给消费者带来能量的冲击与释放，使得他们愿意去了解、认识这个产品，进而产生了愉悦的、轻松的消费心理状态，这就是心情。

举个例子来说，很多人认为卖房很简单，做一下广告，炒一下概念，搞一下噱头，一切都可以搞定。其实不然，我们要深入分析房屋这个产品能给消费者带来什么样的气场，除了基本的居住需求之外，还有购房者对居住安全的需求，居住环境的需求，居住精神的需求，居住个性化的需求，更有购房者对出售方、管理方进行服务的体验以及规避可能出现的意外的需求，这些都是购房者需求的点。如果开发商能抓住这些点，做尽做善，无疑就会对购房者产生强大的吸引力与气场。抓住购房者需求的气场有了，购房者的心理接受度、满足感以及愉悦性也就有了，这样的销售过程也就愈发简单，愈加容易看到效果了。

销售的方法、方式多种多样，但重要的就是要重视产品特有的气场对消费者"心情"的促进效应。士为知己者死，女为悦己者容，说的也是同样的一个道理。

站在营销与管理学的角度，这称作亲和力的营销模式，或者叫作充分发挥主观能动性的激励机制。总之，一切以受众的需求为出发点，最大程度地了解、烘托甚至渲染这种需求，受众的满意，自然就会带来事半功倍的效果。

❂ 二、成交管理

我们对成交的管理往往基于销售数字的统计。统计学是管理的工具学科，销售的统计数字能够准确地体现销售业绩，便于管理每一个销售员的绩效考核。但是这种管理仍然停留在"事后诸葛亮"的层面上，也就是事后成交数字只能体现事前存在的某些问题，却不能挽失败于未然，因而销售工作要想不做"事后诸葛亮",最好的解决方案就是完善一套科学的成交管理体系。

我认为,成交管理应当贯串于整个销售活动的始终,而不是简单的事后总结奖励与惩罚。成交管理方案中囊括了销售工具、销售方式方法,营造销售场景,设计了行为艺术以及语言艺术。一个完善的成交管理,必定侧重于场景—销售方法—语言艺术的整体营造。

(第106个三角形)

成交管理,通俗的说法就是对销售的管理。卖东西的经历很多人都有,也会说出用什么样的销售方法、布置销售场景、销售语言艺术来进行自己的销售。这就是成交管理的三大要素。

以下结合一些销售技巧和销售方法来阐述三个要素的成交管理。

第一,体验销售法。体验,顾名思义就是让客户通过对你的产品的良好体验后再选择下单。这个销售法里就用到了场景。卖房子的先做一个样板间,让客户真真切切地感受他们装修的风格与质量。卖西瓜的会切开一个西瓜,让顾客先进行品尝,这些都是场景成交的方法。

第二,网络销售法。网络销售法通过当前发达的电脑网络进行销售。这里用到的是互联网这个工具。网络销售法最大的特点就是信息传播快、传播范围广泛,相对成本低,例如电商。

第三,饥饿销售法。这种方法更侧重于语言艺术的手段,当然也利用到场景。例如有的楼盘分明许多房子没卖出去,偏偏说卖完了。将饥饿销售法演绎得极致的就是鼎鼎大名的苹果公司了,每次其推出新产品时,我们都能听到说在××时间限量发售多少台手机或平板电脑,让人们连夜排队购买。

第四，病毒销售法。此类方法的特征就是制造事端引起社会关注，创造话题以期引起坊间热议，从而达到一传十、十传百的奇效。一些房地产开发商营造售楼盛况，导致消费者不理性抢购房的场景经常出现。这类方法侧重于的是场景的营造。

第五，货架销售法。这种方法充分利用工具成交。例如房产品的精装修就是告诉客户，你从"货架"里取得楼房后带个包来就可入住。

第六，方案销售法。这是一个综合性的销售方法，涉及场景、工具、话术的综合应用以及延伸与拓展。高档房产品特别是商铺就经常采用先售后返租策略，就是给客户投资方案，给客户一个生意方案，令客户不可抗拒，屡试不爽。

其实，很多的成交方法都包括有这三个要素，哪怕最简单最原始的摆地摊，也会先找一个人流量大的地段，这就是场景；然后你还得给自己置一块好看的台布，放一盏明亮的灯，这就是工具；最后你还得吆喝："走过的路过的，千万不要错过了"，不管你是人工喊的，还是扩音喇叭喊的，都用到的是语言艺术。

一个好的成交管理，就是将这三个要素完美地结合运用。

◆ 三、营销气场

营销气场是一种能量。这种能量来源于销售场所、销售人员以及销售人员的行为语言。营销气场的决定性因素在于销售人员，销售人员是营造销售气场的主角。销售人员主观上为了取得好的销售业绩、获得好的职业发展，不断证明自己的能力和智慧的过程就是营造气场的过程。

公认的销售二八定律：①客户对销售人员的第一印象，80%来自仪表，20%来自产品；②80%的利润来自于20%的项目或客户；③永远有80%的客户认为产品价格高，只有20%的客户会认同产品价格；④不管你开出什么条件，永远会有80%的客户拒绝你，仅20%的客户会接受；⑤订单成交的80%来自沟通，20%来自产品本身。这说明，二八定律中销售人员是营销气场最重要的因素。

对于销售人员，身上的气场和正能量远比技巧更重要：当其声音透露出对工作的热爱，当其在介绍产品时传递出自信和自豪，当其确定其产品可以给客户带来价值时，其就具备了优秀的销售气质，这种气质带给客户的信服力已经构建了成功的前提。

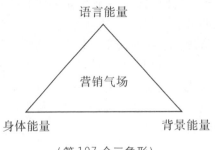

（第107个三角形）

先不说在销售交流的场合，就连平时在生活中，当你接近某个人时，总会感觉到一种无形的力量，这种力量可以是一种压力，也可以是一种亲和力，这二者的结合就形成了个人独特的气场。在销售交流的场合，气场的作用十分重要。无论是销售交流还是公关谈判，都必然是一个动态的、互动的过程，和客户的沟通交流、市场调查、活动策划执行、后期的监督执行等都需要你和客户、你和上司下属的互相交流。在沟通的过程中，气场就起到了举足轻重的作用。

首先，是语言能量。所谓沟通，为了一个设定的目标，把信息、思想和情感，在个人或群体间传递，并且达成共同协议的过程。一个人和另一个人的沟通必须从语言开始，但只要一开口说话，就会透露出一个人的气场，包括说话的语速、用词、语调等。语言本身是有能量的，不管正面的和反面的语言，重复久了就会在思想上留下烙印甚至改变原来的思想，人一旦形成了一种思想，就会按照这种思维定势去进行各种行为，所以在营销场合中，要注重自身语言的修炼和表达并在一定程度上将其发展成一种有力量的气场。

其次，身体能量也十分重要。研究表明，一个人的肢体动作能准确透露出其当前的心理状态和性格习惯。配合着语言的能量，在进行沟通和交流时，身体能量的配合十分必要，这会让人有更直观的感受。因此，在营销气场的培养中，要注意身体语言要与你说的话保持一致，这样才能清晰地表明你的态度，有效地培养更强大的气场。

最后，文化、品牌和公司就是背景能量，它十分巨大。你应该有这样的体会，购物时，当迟疑要买哪一样商品时，你一般都会选择大公司的商品，因为品牌品质有保证。同样的，在策划营销活动推广产品和服务时，要合理利用团队背景、企业背景带来的巨大能量，使营销更有说服力，同样也是增加了个人的气场，显得更有自信，更有代表性。

营销气场是我们戴在身上的无形的精神符号，它不需要说话，也不需要特地说明，只要你把他调整为积极向上的，就能形成"气场营销"，为你打开"自我营销"的第一扇大门，注意语言能量、身体能量和背景能量三角关系的配合和协调，就会展现出强大气场的能量。

四、销售技巧

我认为，最成功的销售技巧是销售链接了企业与顾客的情感，而不是"把梳子卖给和尚"或者"赵本山卖拐"式的忽悠。这种"大忽悠"本领，是"一锤子买卖"，其最终不仅害了销售人员，还会害了企业。

（第108个三角形）

每个聪明的销售员都会根据产品的特性以及目标客户的需求心理，来设计销售方案，这个方案的核心内容就是销售技巧。让顾客充分感受到产品的优点，让顾客意识到"占到了便宜"，才会促成成交。

销售是一件让人纠结的苦差事，苦口婆心地让别人掏腰包。销售，是一项艺术活。销售是有技巧可以掌握的，有规律可循。

先从营销的四个阶段说起，以"煮鸭子"为例子认清营销的过程：

第一，"赶鸭子"。推介产品时，我们首先找准目标，向客户广而告之，要给客户方向感，吸引关注利用重点人物的公关以及光鲜的道具尽可能地聚集客户的注意力，持续反复以及娱乐形式地介绍商品可以让客户产生消费的欲望。

第二，"杀鸭子"。销售人员可以通过特定场景、工具、口头语言、肌体语言的和谐结合，撩起客户交易的冲动而掏钱购买。

第三，"焖鸭子"。这就关联整个公司每个部门之间的协助运营，比如办手续是否专业、合同是否清晰，要给予客户足够的安全感。是否在交易中的流程或过程中的每个细节足够畅通，让客户有轻松的感受。在原本商品服务的基础上，能否给客户带来一些的意外惊喜。个性化服务，照顾到每个客人的个性和他的情绪。是否满足了客户个人的精神需求，照顾好他身边的人，让他身边的人也感觉到服务的真诚，给他身边的人以印证选择的正确性。让客户感受到销售过程的畅顺和愉快。

第四，"吃鸭子"。售后服务对于客户的商品体验也很重要，出发点并非简单地被动管理，而是跟进服务。通过良好的售后服务，我们要让顾客相信我们提供的服务是真诚的、持续的、有互动的。商品服务的出发点是为了服务对象，落脚点是对象之外的人和事。每个公司都有自己主导的东西。升值是市场的行为，增值是品质和服务，我们无法掌控产品在市场中的升值，但是我们可以确保产品有增值的空间。

下面，我们再来谈谈两个销售技巧：放大商品优势与让消费者有一种"占了便宜"的感觉。

如何放大产品优点，往往决定了销售者能否在第一时间吸引住消费者。举个"咸鱼翻生"的例子，事实上，鱼本来就已经死了，只要把它的眼睛"点亮"，人们就会以为它没有死。所以我们要引导客户看鱼的眼睛，把劣势转化优势。高水平的营销就是要把优点放大，此时如果客户挑剔地指出了我们产品的缺点，沉住气，我们只需平静地承认缺点，把重点放在放大和突出优点上。当然，不主张"黄婆卖瓜，自卖自夸"，把坏的说成好的骗取顾客，但突出优点，显示优点的优越性，让消费者觉得商品的优势多于缺点，产品自然就会销售出去。

如何让客户认为在买卖中占了便宜，也是一门销售技巧。以上整个营销阶段我们都可以给客户传递一种意识：这单买卖性价比高，完成交易是客户本身占到了便宜。因此，如何在营销过程中让客户体验到高品质的服务，产生"占了便宜"的心理，同样是一门艺术。

本章小结

其实营销工作的模型有很多，但是以往我们看到的或者运用的模型都是一种营销程序的细分，并没有阐明营销结构各个节点之间相互联系、内在关系。一个立足于满足消费者心理和生理的需求，来实现企业与消费者双方利益的营销过程，本身就存在一个如何才能做到利益平衡的问题，营销过程就是平衡企业—产品—消费者三者关系的过程。

因产品以及目标客户的不同，决定了营销活动必然是丰富多彩的，同时也决定了营销结构会处在不断变化之中。我在前面讲过，这里涉及的是营销的结构范式，那么在营销整合的过程中，就需要抓住那些最重要的因素，才能形成一个强有力的营销阵势。这个强有力的营销阵势一定会是以一个三角形态势出现的，因为企业、产品、消费者三者之间如果要形成一个稳定的供求关系，营销结构上就必须要摆正他们之间的位置，他们互为支撑，任何营销活动都必须要找准三个基点，在现代市场经济条件下，企业已越来越难以适应多元化的动态市场需求，必须以竞争为出发点来制定营销策略。不了解竞争对手，没有竞争性的营销很难成功，企业要清醒地认识到市场竞争是消费者、竞争对手和自己三者的博弈，而不只是自己与消费者或自己与竞争对手两者的博弈。三个基点所形成的三角形态是永远存在的，厂家、商家和消费者是博弈三角形的三个基点，在竞争状态中，由于竞争环境的不确定性，消费者、竞争对手和厂家博弈三角形的表现也是不断变化的，它的变化仅限于各个基点位置和重要性的变化。

参 考 文 献

[1] (美) 史登柏格. 爱情心理学 [M]. 北京：世界图书出版公司，2010.
[2] (德) 康德. 实践理性批判 [M]. 北京：商务印书馆，1960.
[3] (德) 黑格尔. 法哲学导论 [M]. 北京：商务印书馆，2010.
[4] (美) 马斯洛. 动机与人格 [M]. 北京：中国人民大学出版社，2013.
[5] 荀子. 荀子 [M]. 延吉：延边大学出版社，2001.
[6] (意) 阿利盖利·但丁. 神曲 [M]. 北京：人民文学出版社，1960.
[7] (英) 弗朗西斯·培根. 培根随笔 [M]. 上海：上海译文出版社，2010.
[8] 徐志辉. 基于产业演变的企业组织创新研究 [M]. 上海：上海三联书店，2009.
[9] 迈克尔·波特. 竞争战略 [M]. 北京：华夏出版社，1997.
[10] 迈克尔·波特. 国家竞争优势 [M]. 北京：华夏出版社，2002.
[11] (美) 杰罗姆·麦卡锡. 基础营销学 [M]. 上海：上海人民出版社，2001.
[12] 艾·里斯，杰克特劳特. 定位 [M]. 北京：中国财政经济出版社，2002.
[13] 王宁. 消费社会学——一个分析的视角 [M]. 北京：社会科学文献出版社，2000.
[14] 冈本庆一. 剧场社会的消费 [M]. 台北：远流出版社，1998.
[15] 周晓虹. 现代社会心理学 [M]. 上海：上海人民出版社，1997.
[16] (美) 托斯丹·邦德·凡勃伦. 有闲阶级论 [M]. 北京：中央编译

出版社，2012.

[17] （美）乔纳森·特纳. 社会学理论的结构［M］. 北京：华夏出版社，2006.

[18] （美）菲利普·科特勒. 营销管理分析、计划与控制［M］. 5版. 上海：上海人民出版社，1997.

[19] Schiffman G，L Kanuk. Consumer behavior（影印版）［M］. 北京：清华大学出版社，2001.

[20] 高丙中. 西方生活方式研究的理论发展叙略［J］. 社会学研究，1998.

[21] （美）大卫·爱格. 品牌经营法则.［M］. 呼和浩特：内蒙古人民出版社，1999.

[22] （美）迈克尔·波特. 竞争优势［M］. 北京：华夏出版社，2005.

[23] 骆回. 与伯乐有个约会——会跟和慧根［M］. 广州：华南理工大学出版社，2015.

[24] 骆回. 与上帝有个约会——感觉营销［M］. 广州：中山大学出版社，2015.

[25] 骆回. 与房子有个约会——对话房子［M］. 广州：花城出版社，2013.

后　　记

　　我的这本书把企业管理、人文交流，甚至人性的本源等存在的形态，都试图用三角形来解读，并把这本书谓之《与三角形有个约会——财富哲学探源》，其实是希望提醒自己和阅读此书的读者，时时刻刻留意并敬畏三角形的力量，我们将获得理解和解决问题的金钥匙。

　　我在企业日常管理中，会把诸多繁杂的管理事务理出三个最重要的节点，这虽然仅仅是一种工作习惯，却是源于对三角形力量的思考。然而让我意想不到的是，在这种习惯中的收获竟颇有意外，一团乱麻琐事或是当头难题，竟在三个基点出现时变得清晰易解。尤其是当我把这三个节点放在一个三角形的各个点位上时，这个三角形就会展现出一个完整的概念，有时变换三个点位的位置时，概念也随之变化了，并且这个三角形所体现出的内涵也随之变化了。这本书的诸多三角形图示只不过是这些概念的文本表述而已。将一个概念梳理成一本书，就如同将一位心仪的女子变成妻子，需要太多的契机与投入，绝非一蹴而就的事。但是想到妻子就是那个心仪的女子，一切也就无所谓了，因爱而行，行必远之，这是我固执的信条。

　　我所从事的工作性质以及接触的人和事，让我意识到，无论是企业生存的自然空间与地域，还是企业文化；无论是企业自我存在的社会地位摆放，还是人际交往的有效沟通；无论是领导者或是员工的自我修炼，还是经营管理中的模式设定，等等，必定要以一种形态与我们相伴每一天。我的总结，总是能找出其中三个存在的最重要的节点，当尝试着将三个节点连接在一起，融会在一起，并试着改变各个点的轻重、主次位置，问题的肌理就会变得清晰可辨，求解之道就会摆在眼前，那些问题迎刃而解之后所产生的巨大震撼和精神愉悦，使我迫不及待地把这些"开悟"汇入

《与三角形有个约会——财富哲学探源》这本书中,与大家分享。在我的心里,"大家"是一个群体,这个群体不一定有共同的价值观,但是价值取向必定会有一定的契合。我们大家就像雁阵途中,总要借助于彼此羽翼所产生的空气动力,缓解人生疲劳,以最快最节省体力、最节省时间的方式,走得更远。仔细考究,"雁阵"也是一个三角形,我无论在哪个点位,都愿意尽我绵薄之力,与大家产生"雁阵效应",因为"三角形"中的每一个角的力量,都来源于另外两个角的有效转化,这种转化是"文化"的过程,是知识转化为成果的过程,只要我们懂得这个过程中规则的意义和平衡的艺术,知识的成果才是"知识就是力量"的本义。

我这本书不能完全称得上是一本关于三角形哲学解读方面的理论书籍,但笔者仍然认为,所涉猎的仅仅是三角形力量的现象部分,只是对这一现象的一种简单的表述而已,目的是想引起关注和运用。我认为,借助一种管理知识方面的力量,来开启思维和企业管理的新模式、新途径,终究是一件好事,何乐而不为呢?暂且不究其力量的根源,仅就我们所感同身受的部分,梳理成册,聊飨读者,或许,某君游弋其中偶有所感,并顺势而为成就了更多的三角形,那就是这本书修成了正果。

从三角形中领悟到哲理,从三角形中感受到力量,从三角形中得到启示,不是一时的兴致所至,而是我长期关注这个看似普通图形的结果。我在前言中已经提到三角形现象无论自然界还是我们尚未知的领域均普遍存在,三角形的哲学属性给予了我们一种力量的启示。它所蕴含的哲理正被思想者慢慢破译并被越来越多的人所领悟,所接受。我相信,随着时间的推移,关注三角形这一普通图形的人会越来越多,"三角形现象"将会越来越引起人们重视,"三角形的力量"将会被越来越多的人所运用。同时,随着对三角形现象研究的深入,"三角形的力量"将会获得更加充分的理论依据,并带动相关学科的发展。这是我的期望,也是我下一步涉足的领域,路漫漫其修远兮,吾将上下而求索。

也许有人要问:三角形会是我们思想的形状吗?我的回答是肯定的。如果真要把思想描绘成一个巨像图形,它一定是个三角形。只不过每个人的思想三角形大小不一、结构不同罢了。我想,思想必定是两根和弦以上的多调性结合,它首先拨动的是意象的和声——交织、复沓、重叠、并列,它体现了潜意识与深层意识的急剧变衍,而意象、潜意识、深层意识就是思想的构成要素,它们构成了思想三角形的三个基点和空间维度,思想有多远,往往就是我们要走的路有多远。

有些知识需要通过"心领"才能到达"神会"的境地,这本《与三角形有个约会——财富哲学探源》,是想让生命始终保持一个最合理的形态,并从这个最合理的形态中获得前行的力量。人性里头有种不甘寂寞、不能被冷落、不能被社会遗忘的固有元素。该元素是骚动的、不安分的。长时间地面对三角形,这个原本再熟悉不过的几何图形反倒变得愈来愈陌生与深奥。我想,这正是其所蕴含的某种神秘力量在试图阻止一个思想者来探秘。但是,正是这种神秘的力量吸引着我劳心费神、继晷焚膏。好在终于在我熟悉的管理和营销领域摸索出一些三角图形的真实内涵。尽管我们今天许多人的学养与探究精神已然碳化,人们的肺活量里只容得下金钱与奢靡,我仍然愿意与一个枯燥无味的图形相依为伴,如同禅灯光亮里的修行者,双手合十、正襟危坐,静心思考,让悟性再一次悄然开启。

本书从构想、记录、汇集、整理、写作成书,历时十多年。书中的许多章节的核心观点,都是在日常管理中处理问题时的妙手偶得,在公司例会中兴之所至的即兴谈话,与友人闲聊时被激发的精彩共鸣,阅读时与他人观点碰撞所引发的思想火花,独处时冥想所洞见的事相本真,它们被记录在各种花样繁多的载体上:会议记录、摘录卡片、速记纸片、录音、笔记等。我的助理、秘书、司机长期充当了我灵感闪现时的"录音机",将我日常电光火石般转瞬即逝的感悟记录在册;帮助我在海量的会议记录、速记卡片、文献资料中去粗取精,梳理出本书的结构思路和框架。可以说,没有他们无私的帮助,本书的出版将可能变得遥遥无期。

衷心地期冀本书能给读者提供一个全新的思维方式,在认知世界、把握规律的人生旅途中获得一些有效的方法论,给社会、给喜欢思考的人一点正能量。笔者旨在抛砖引玉,给人们带来共鸣。

在本书的编写过程中得到张承良教授、胡北光剧作家的认真指点和修正,以及公司同仁、朋友、同学的帮助和支持,在这里深深地说一声:谢谢!你们的支持永远是我人生三角形的一个重要角点。

骆 回
2014 年 10 月于花都

分享食物和分享知识是最感人的善良!
——骆回

——会跟和慧根

管理自己和管理上司是管理的本质和核心

管理类 华南理工大学出版社

《与伯乐有个约会——会跟和慧根》内容提要

组织和团队的形成,一定是受某种力量牵引的结果,它涵盖了利益、价值、文化。管理是双向的价值体现。因此,管理自己、管理上司,才是真正意义上的管理。

系统文化、老板文化、员工文化由组织观念和思维决定;对一个组织而言,执行和服从是素质,沟通和协调是润滑剂。

分享食物和分享知识是最感人的善良!
——骆回

对话·房子与人

房子不是简单的商品,是居住者生活方式的选择,印证居住者的地位、品位、价值

文化类 广东花城出版社

《与房子有个约会——对话房子》内容提要

房子用来居住是其基本功能,但绝不是其重要意义,房子印证我们的地位、品位、价值。房子是文化载体,但房子不是纯粹的艺术品,因为其要对所有人负责。

房子给我们带来了本真的生活和尊严,其功能意义被延伸和解读,是因为我们将它作为炫耀性消费品、投资性商品看待的结果。在各种价值镜像下的房子拥有其独特的意义,房子是社会文化结构中最重要的元素之一、是社会文化的走向!也是城市文化的载体。

分享食物和分享知识是最感人的善良!
——骆国

财富哲学探源

吃饭有智慧:口里吃一块,手里夹一块,眼睛盯一块。

与三角形有个约会
——财富哲学探源
骆国 著
中山大学出版社

哲学类 《与三角形有个约会——财富哲学探源》内容提要

分享食物和分享知识是最感人的善良!
——骆国

感觉营销

客户管理客观上是管理客户的情感和钱包;客户服务主观上是通过服务得到服务结果。

与上帝有个约会
——感觉营销
骆国 著
中山大学出版社

营销类 《与上帝有个约会——感觉营销》内容提要

我们不管有多么伟大的产品,跟消费者之间都隔着一条河,两者如何过河相识约会,这是永恒的营销课题。通过建桥、造船、游泳、筑坝、空投……任何手段过河约会都面临成本,既是最大,也是最小之成本便是借助彼此的价值感觉穿越河流,让伟大的产品跟消费者约会拥抱。

销售关键就是唤醒消费者对产品的感觉。

销售的过程就是帮助顾客找到他的理想诉求感觉。根据顾客的感觉给予其有现实需求感觉的产品,引领顾客进入他消费感觉的氛围,打动其喜欢和下决心地购买。

分享食物和分享知识是最感人的善良!
——骆囘

人文类 华南理工大学出版社

《与温哥华有个约会——移民、留学见闻》**内容提要**

物质文明、空气文明、水文明、食物文明、秩序文明……
享受这一系列文明文化的同时到底会付出怎样的代价?

生活成本、时间成本、情感成本、精神成本……追求文明和成本之间总有纠结和困惑相伴。本书是一个勇于探索事物真相、追求丰富多彩人生、细细品味酸甜苦辣的人,对温哥华真实生活的体验、感悟、分享。

分享食物和分享知识是最感人的善良!
——骆囘

自然类 华南理工大学出版社

《与植物有个约会——对话植物》**内容提要**

地球上再也没有其他事物可以像植物这样为我们人类廉价地提供生存支持。植物直接或间接地滋养、美化着我们的生活,我们接受、欣赏、赞美它,本质是愉悦人类自己,我们的喜怒哀乐跟花草树木的形态、颜色、功用有关。植物绝不是无意识形态的存在,如若懂得顾及植物的感受,我们人类得到的将会更多。